Best Time

白 马 时 光

你和梦想之间，只差一个行动

行动派◎编著

天津出版传媒集团

天津人民出版社

图书在版编目（CIP）数据

你和梦想之间，只差一个行动 / 行动派编著 . -- 天
津：天津人民出版社，2017.3
　　ISBN 978-7-201-11455-2

　　Ⅰ . ①你… Ⅱ . ①行… Ⅲ . ①成功心理—通俗读物
Ⅳ . ① B848.4-49

中国版本图书馆 CIP 数据核字 (2017) 第 032880 号

你和梦想之间，只差一个行动
NI HE MENGXIANG ZHI JIAN，ZHI CHA YI GE XINGDONG

行动派 编著

出　　版	天津人民出版社
出 版 人	黄　沛
地　　址	天津市和平区西康路 35 号康岳大厦
邮政编码	300051
邮购电话	（022）23332469
网　　址	http://www.tjrmcbs.com
电子信箱	tjrmcbs@126.com

出 品 人	李国靖
特约监制	何亚娟　王　瑜
责任编辑	玮丽斯
特约策划	周　莉
特约编辑	周　莉
封面设计	施　军
版式设计	王雨晨

制版印刷	北京市兆成印刷有限责任公司
经　　销	新华书店
开　　本	880×1230 毫米　1/32
印　　张	8
字　　数	134 千字
版次印次	2017 年 3 月第 1 版　2017 年 3 月第 1 次印刷
定　　价	36.00 元

做行动派，发现美好的自己！

目　录
contents

目　录
contents

02

第二辑

行动——寻找改变你的核心力量

目　录
contents

03

目　录
contents

04

第四辑

指南——改善、优化、提升更好的你

序 你有权拥有 10000 种美好人生

感谢你翻开了这本书，无论你是行动派社群的老朋友，还是被偶然一瞥所吸引的新伙伴，我们都非常高兴能与你一起踏上这趟重塑人生之旅。感激你的阅读，使我们的努力被你看到；也期待这本书满满的干货，能够为你的生活注入新的活力。

"行动派社群"是全国领先的青年学习社群，"梦想清单"是我们的核心理念，而达成的方法就是持续地"学习、行动、分享"。我们透过一系列线上的自媒体，直播平台以及线下课堂和 75 个城市伙伴圈自组织学习的形式，希望能带动更多的青年行动起来，创造人生新的可能性。

而这本书，也正是对我们这些年创作的内容成果的系统梳理，从而为我们的社群小伙伴和更多陌生的新朋友提供一份值得终身参照的成长与行动指南。书中的文章大多数来自我们的签约或授权作者，部分文章曾登载于我们公众号的热门头条。我们坚信，这些醇厚的"旧酒"依然有历久弥新的魅力，值得永久地珍藏。不同的人，在不同的阶段重新去阅读，总会获得新颖的视角和奇妙的顿悟。

行动派长期践行着"学习、行动、分享"的生活方式，而这一理念也像脉络一般贯穿本书始终。

第一部分，"学习"旨在从开篇起，用另类独到的思路，彻底打破你的价值框架和思维局限。你在首篇文章就将了解到核心理念"梦想清单"的奇妙之处，学会利用有限的时间和精力，去体验无限种可能的理想人生。你还会掌握找到自己兴趣所在并以之为生的诀窍，会见识到"斜杠青年"的开阔和"穷人思维"的狭隘，并且实现"20 分钟找到人生目标"的三观重塑。

第二部分，"行动"这一部分，我们尝试以严谨简易的逻辑，为你梳理整合适用于日常学习或工作的高效方法论。这些技巧往往都从青年的某一普遍烦恼出发来解决问题，比如总觉得时间被偷走、工作效率低下，比如觉得信息量过大、脑袋不够用，比如一旦陷入迷茫、行动力就归零，再比如学了半天发现全是无用功……不管你当下处在什么位置、什么阶段，这些苦思一定都曾经或正在困扰着你。而比起软绵绵的加油鼓励，"行动"是用一种硬朗的线条，为你勾画清晰的思路，使你确实地获得起身前行的方法依据。

第三部分，"分享"，则是从经验层面谈开，邀来那些已经有所成就、有所领悟的行动派们，为你分享他们的实践经历和职场心得，同时也是鼓励你在自我精进过程中，也要乐于与更多迷途的朋友分享交流。在这部分，你会懂得"聪明"不过是"喜欢"和"合适"的代名词，而抓狂的高压状态有助你开发隐藏技能。你会读到那些"升职加薪、走上巅峰"的人生赢家们的职场经，从而重新审视自我的能力规划、职业规划以及人生规划。

第四部分，也就是最后一部分的"指南"为大家提供了生活万象中的自我提升指导，从日常生活的角度切入，给予你关于习惯养成、个人成长、性格探索、人际交往的种种忠告。如果你对自己缺乏自信，对生活手忙脚乱，对目标不知头绪，那么你绝对不能错过这最后的疗愈魔法。这里既会为你输入正能量：教你如何变得有趣，让你发自内心地喜欢自己，维护健康幸福的关系；也会为你赶跑负能量，拒绝做"软柿子"，而内向反而是一种幸运，用奔跑来驱散生活的阴霾。总之，阅至此处，你会感受到身心前所未有的开阔和轻盈。而前方，会像某句歌词唱的那样："像打开考试试卷发现，突然所有答案都看得见。"

人生是一个拥有无限可能性的命题，我们希望这本书能够至少为你打开其中一扇新窗户，帮助你挖掘潜在的兴趣和天赋，从而解锁你的第二人生，甚至第百种人生。在碎片化阅读的今天，有太多快餐式的文字以图片吸睛、以排版取巧，却在消遣过后无法吹动你生活的一丝涟漪。行动派始终坚持以内容为本，致力于持续地输出简易却深刻的干货，让你每一次短暂的阅读，都能激发重启生活的热情，收获物超所值的体验。

此后，行动派还会继续着重高质量内容的引入和产出，为大家出版更多国内外的优秀读物。如果你喜欢我们的价值理念，或是觉得我们能为你的人生带来一点触动，欢迎你持续地关注我们（微博：@行动派琦琦）。希望每一个你，都能从阅读这本书起重新出发，勇于站起来做行动派，成为更好的自己，开辟专属于你的"迦南美地"。

琦琦（行动派社群创始人）

学习——多版本的人生不设限

● 如何制定和实现梦想清单

一月初与台湾的蓁妮姐姐吃饭，我们聊到彼此这半个月的情况，她很兴奋地告诉我，自我们相遇聊了梦想清单和新年规划以后，她开始很认真地思考自己的梦想。

蓁妮姐正式定下的第一个新年梦想清单是出书，原本想着明年能出就不错了，可没过几天她竟如愿约到了台湾最好的出版人面谈，对方一听她要出书就欣然合作，当下就谈好了出版事宜，半个月左右的时间竟已经 push（推动）蓁妮把新书大纲写好了，蓁妮近期写作的灵感也如泉涌一般，连她自己都很意外，按照这个进度今年就会看到蓁妮姐的第一本新书上市，好快！

这次见面，蓁妮姐又分享了一个让我激动的小故事。她从小就希望有朝一日能住在自己设计的房子里，当然她自己也知道要实现这件事很难，于是这个念头就在心里默默放了很多年，这是她最早的"梦想清单"。这次回台北，她突然接到阿姨的电话，阿姨问她，有一块地皮问她要不要，蓁妮就把其他重要的约会全部推掉去看了，结果令她十分惊讶——这块地傍山面山、清净有氧，和她想象中的场景一模一样！她询问阿姨后，阿姨竟然愿意在价格上支持她，给了前所未有的优惠，于是一拍即合，拿下。至此，这个从小就有的梦想清单里的场景提早了20年出现在蓁妮的眼前。

我自己也常有类似的经历，这3年多来人生发生着很多不可思议的变化，我也从一个迷惘失落的小白领完成了到媒体人到创业者的转变，这些身份转变的背后所看到的风景，接触到的学习和视野，都是我过去人生的总和。这些变化的背后我自己最感激的，就是心灵沟通和梦想清单。前者将我的心门打开，情绪得到清理，有了更多安定和通透的内心力量；后者是我的人生飞船，通过这一份份清单让我看到我内心真正想要的，并为之奋斗，在实现梦想的过程里体验身心合一的乐趣，也更有能量将自己和团队带到更好的地方。

梦想清单看似神奇，其实更多是因为和潜意识相连接，当你把想做的事情在心里列为梦想清单，你的潜意识就会开始运作，自动对日常收到的信息进行筛选，你会更容易关注到可以帮助你实现梦想清单的机会，这会让你比没有清单的时候，投入更多的精力去实现这个想法，自然就加速了实现的可能性。

很多朋友在看了微博上"梦想清单"的话题，以及看到身边诸多朋友的分享后，都纷纷在问要怎么制定梦想清单。网上有各种五花八门的方法和步骤，比如在写之前要先问自己 N 个问题，或是用各种图表和测试题。对我而言这些方法都太复杂了，实际上我写梦想清单的过程非常简单。以下是我自己实践了 3 年的方法，针对初次写梦想清单的朋友，在此和大家分享。运用熟练以后，每年一个简单的 Word（文字处理器）文档或是直接在脑海中生成清单都是可以的。

步骤一：全新的空白笔记本。

初次制定梦想清单的话，你需要先准备一本空白的本子，最好是没有方框的全空白笔记本。我个人建议选择一本全新的薄本（因为你也不会有那么多愿望要写），注意不要和其他笔记本混在一起，因为梦想清单不是你的工作计划和日常行程，它是你一年甚至是几年内的梦想规划。

步骤二：开始写下你心中很想做的事情。

找家咖啡馆或窝在家里，也可以约上三两个好友来一场梦想清单下午茶，大家各自书写，写下你在新的一年里特别想做的事情，数量就不要限制啦，完全跟着自己的心走，想做就写上去：想做的事，想认识的人，想要去旅游的地方，想要学习的技能……随你写。

当然，通常第一次写梦想清单的人不会写很多，因为初次写都是抱着试试看的心理，对自己的潜能还不是很了解，也没有足够多的信心，而且大部分人之前很少花时间去想过自己内心需要什么、喜欢什么。不过这没关系，哪怕你只写了几条也不要紧。我个人也建议初写者刚开始不必写太多，目标明确的话，实现可能性更大。

步骤三：划掉心里那些其实并没有真的很想做的事情。

写完梦想清单后，看看有没有需要划掉的内容，划掉的标准就是你这点事情是你真正喜欢的还是为了与别人攀比或是做给别人看的，就好比我们断舍离衣服的标准是"是否是怦然心动的"，梦想清单也是一样，一定要确定那是你心中真正想要实现的愿望。

比如我看到很多人刚开始写梦想清单的时候都会把"学英文"给写上，不过深入一聊就发现跟风心理居多，还有一部分人不知道自己当下有什么梦想，于是就先写了"学英文"，但其实心里并不是真正因为喜欢或有这样的需求。

日本传奇富豪午堂登纪雄 33 岁前就赚进 3 亿身家，他在《没钱更要买套好西装》中分享他的经验，探讨年轻时浪费的钱都花到哪里去了，其中最重点的项目之一就是"学英文"。由于工作没有外文需求，或者没有海外旅行的强烈意愿，学英文就很难有动力持续，就很难学好，最后往往是浪费了时间又花了钱，所以不要盲目跟风学英文，等到你真正派得上用场或想学的时候再学，进步的效果会更加明显。

当然，如果你还在读书阶段的话，就真的务必请你把握大好时光好好学习英文了，因为这样的学习时光真是千金难买。

我第一次列梦想清单的时候就没有写下"学英文"这件事，一直到我的工作不得不用大量英文和海外旅行越来越多的时候，我才把"学英文"正式列入梦想清单。结果发现进步的程度比想象中的大，因为重视学习英文这件事，无意中还吸引到了非常好的英文外教，这就是动力带来的推动。回想刚工作那几年也报了不少英语学习班，但是效果和现在比起来差距甚大，浪费的时间和金钱真是可惜，如果那时候把时间花在了其他我更喜欢的事情上，我所获得的成长和学习结果是完全不一样的。同理，健身、学烘焙、学跳舞这几个选项也是大部分人喜欢填写的跟风项。

总之，写梦想清单一个很重要的步骤就是要问问自己，这个到底是不是你真的喜欢的，真的想要去做的事情。

请认真严肃地对待这个环节，就像对待你自己一样。

到这个步骤，梦想清单就已经写完了。此刻很多人都会问，这样就好啦？这样就会实现了吗？这样写一写的经历我好像以前也有过？可是怎么都没实现呢？……这是因为梦想清单最重要的步骤是"最后一步"。

步骤四：分解你的实现逻辑。

为什么我建议大家拿一本专门的笔记本，而且还最好是白纸的本子呢？因为这样你就可以在稿子上书写你的实现步骤了，比如下面的两张图表：

图1

目标：去迪拜旅行	
★花钱	★不花钱
赚钱（副业）	开始在微博做旅行话题
接1~2家企业单子写微博或微信	上蚂蜂窝网看攻略
每月工资存300元，全存余额宝	整理一份迪拜攻略发网上分享
利用微信卖特产或好产品	注册大的旅行网站并留意各种活动
多参加培训、分享会，让自己有料	找出版社和旅行社一起谈
信用卡信誉良好，关注信用卡的旅行分期	找摄影师合作，替他接单，并一起去迪拜
认识旅行社的朋友	众筹（计划呢）
加廉价机票的微博，多刷看特价	备注：两手准备
多接兼职（留心观察）	
开淘宝店	

图2

目标：出书	
A计划	B计划
找出版社	在大论坛发书稿
微博上加出版社的人	百度电子书
写稿	电子杂志（实体独立杂志）
大框架（大纲）	找当地出版社的人聊，了解出版业
找朋友推荐（朋友圈）	多写读后感，与作家成朋友（微博）
在网上连载	联系写序的人
扩大粉丝数量，扩大读者群	微信公众平台传播
拍一套作者照	目标：××出版社
加强简历，让自己看起来更有实力	

　　我们每个人都有很多的梦想清单，但最重要的是很多人在列下梦想清单后并没有去想实现的步骤，所以我建议大家把重要的梦想用上图的这种方式分解一下，你会发现原本你觉得遥不可及的梦想其实实现起来是完全有可能的，甚至在分解之后你可能还会发现，实现梦想的第一步也许不过就是一件很小很小的事情，有时候甚至是从发一条微博或加一个关注开始的，这就是很多人梦想清单能实现的最重要原因。

　　当然，并不是说你每个梦想清单都要这样拆解，你可以不写下来，但你心里一定要知道实现的步骤。只有你心里清楚了，这个梦想清单才有实现的可能。

　　当你看着你的梦想被拆解成一件件小事，行动便会慢慢化解你的迷茫与不安。是的，真正阻挡你实现梦想清单的并不是遥不可及的愿望，而是你从来没有去想过如何实现它，你陷在自己设置的"我认为很难"的意识里。实际上，"条条大路通罗马"这句话一点也没错，总有一条小路可以让你离梦想很近。

　　当你把实现的步骤跃然纸上时，就如同你先俯瞰迷宫再去行走会比你身处迷宫之内更容易找到出路，这种感觉就像是站在梦想之上俯瞰梦想，高度高了，自然对下一步要做的事情、要走的路清晰无比，梦想的实现速度开始以光速缩短，一切皆有可能的模式正式开启。

步骤五：想象你为梦想而做的努力以及成功的画面。

美国 Prime Time（黄金时段）公司曾推出纪录片《秘密》，面世之后便风靡整个科技导向的西方国家，是一部经典之作。这部纪录片里有专门提到观想对于实现目标的推动力，通俗理解也就是我们常说的自我暗示。心理学家普拉诺夫认为自我暗示是影响潜意识的一种最有效的方式，很多科学家也发现，当人们身临其境地想象在做某件事情时，由于你所产生的各种感觉，大脑的活动会与你真正做那件事时非常相似。这样的实验在很多体育项目里更为常见，俗称想象运动。

在进行想象运动时，虽然肢体没有活动，但大脑的相应运动皮层区仍然保持活跃状态，神经与肌肉组织的联系得到加强，大脑中发出的脑电波信号也会影响到想象运动中的肌肉组织，而且来自大脑的刺激脉冲越多，肌肉的收缩就越频繁。增加来自大脑脉冲流的数量，可以使肌肉力量增强。因此很多运动员会在休息的时候想象着自己在做运动，就可能达到想象训练的目的，而结果证明这样的练习对于比赛是有正面推动的。

　　我们在进行梦想清单的观想也是一样，你想旅行就可以观想旅行的画面；你想获奖就要观想你努力并最终领奖的画面……这些画面想象起来越清晰越好，最好让自己感觉就像置身于这个现场一般。当然，想象运动的前提是，要熟悉所想象的动作和曾经有过的体验。以想要康复的人举例，病人如果对所要想象的动作一无所知，从来没做过，那么这样的想象是没有用的。通常情况下，医生都会有指导语，让病人想象自己的四肢在做什么动作，先做什么，后做什么，做到什么程度。病人对所想象的动作有了认识，再加上平时的体验，肢体的神经、肌肉才能在这样的想象运动中发生有益的变化。

　　所以我们尽可能地想象我们非常熟悉的梦想清单，比如我在做大型论坛的时候，往往就会去想象我邀请嘉宾的场景、想象论坛现场圆满的画面，这个过程会让我做好面对一切问题的心理预备；在做蹦极计划的时候，我就无数次观想自己登上高塔并纵身一跃的过程，以此来克服恐高的恐惧，后来漂亮地完成了全球第 3 大高塔的蹦极；我最近在做新西兰旅游和高空跳伞的观想，嘻嘻，希望今年能完成这个梦想清单。

　　我最近在看 Twitter(推特)创始人 Biz Stone(比兹·斯通)的自传，他在第 1 章里提到自己以完全不理想的履历去面试谷歌前，就用了观想的方法，召唤出内在的"天才 Biz"，假想自己在谷歌和团队一起工作的状态，并一直让这个状态盘旋在他的脑海之中，甚至在他长跑的时候，还一边跑一边勾画自己在谷歌工作的情形——在旧金山外陌生的办公室里和一群素未谋面的人做着我们喜欢做的事情。

后来的事情全球的人都看到了，他进了谷歌成了优秀的产品经理，之后创立了社交平台 Twitter。观想成功一直是 Biz 在事业和生活上很重要的练习，也让他取得了很大的成功。

我现在经常利用一些零碎的时间做"发呆""零极限""观想清单实现"的练习，这些看似"无用"的事情背后其实有很大的价值和能量。

步骤六：行动！Just do it！

这是最后一步，也是最难的一步。都说"想"和"做"是这世界上最遥远的距离，此刻你面对的就是这个挑战了，而梦想清单最重要的意义也在于此了。

其实"行动"这个词在你开始为自己的梦想清单分解实现步骤的时候就已经开始了，这是很好的第一步，后面要做的就是把你想的或写的步骤，一个个去完成即可。然后你会惊讶地发现，原来实现梦想清单的方法，不过就是把一件件小事做完。是的，所有实现的机会都在身边，那分解之后一件件并不起眼的小事里，蕴藏着让你人生飞跃的可能性。

古代的武侠小说里常常写一些武功高强、剑法一流的人，并不只是会招式的人，而是能够身心合一或人剑合一的人，这样的人哪怕天资愚钝都会有很强的爆发力。梦想清单也是一样的，当你的清单都是你心里真正想要的，而你又身体力行地去行动了，能量自然不一样。上天总是特别优待为自己喜欢的事情而努力的人，当你真的开始为梦想清单而行动时，往往发现很多清单实现的速度比想象中的快。这就是潜意识与身体同向并行的力量。

最后，我在这里要特别说明一下，人的念力的影响是很大的，如果你一直想要实现某件事情，但只是一味想得到而不去想怎么实现的话，也许还是会实现，但就不知道是以什么样的形式让你得到了。我以前听过一个故事是有人想要 10 万美金，很执着地想要得到这笔钱，却没有去思考如何通过合理的方式去努力，直到有一天家人生病了，在跟保险公司谈补偿资助的时候，发现家人保单上的保险金正是 10 万美元，没想到与自己想要的钱竟然以这样的方式相遇，顿时后悔不已。

我们很多人都忽略了自己念头的力量，佛家也常说觉察我们的起心动念很重要，欲望清单和梦想清单是不一样的，虽然都有实现的可能，但前者也许会让你走入更多的欲望和比较中，要适当控制，而梦想清单是正面的积极的，与你内心真正的需求一致的，会让你更有方向感、更优秀。

当然，无论是哪种清单，我都希望你能够在有了目标以后，把实现的步骤想一想，一定要以正面、正当的方式去思考，这个过程就像是给愿望定了很好的方向，以避免结果像上面举例的那样令人惋惜，争取让我们的愿望以美好的方式来到我们的身边。潜意识大师摩菲博士说过："我们要不断地用充满希望与期待的话，来与潜意识交谈，于是潜意识就会让你的生活状况变得更明朗，让你的希望和期待实现。"

那么，如何区分哪些是梦想哪些是你个人的欲望呢？**我们通常说欲望都是脑子想要的，想要用来彰显自己或跟别人比较的，而梦想完全是自己内心真正想要的，无关乎他人的评判与眼光。**这个部分的修炼说来话长，下次再单独开篇。这里建议大家平时可以多做冥想、独处、阅读等与自己相处的事，可以让我们与内心走得更近，更了解自己。

　　以上就是我制定梦想清单的全部内容，到现在为止 3 年多了，我就是这么实践的。我的每一年都非常充实，我也非常满足地活在我的梦想清单里，这段时间收获很多，成长也很多。对于列梦想清单，我已经驾轻就熟，所以大部分时候我会直接把梦想清单放到脑子里，快速过滤后快速运转脑袋去思考实现步骤，然后就马上开始行动，不过有空的时候我还是会用笔写一写，把实现梦想的步骤写出来会让自己的思维更清晰，行动起来更自信。

　　当然，梦想清单并不是一次性写完的，而是一个持续补充的过程。在之后的生活和工作里，有什么特别想做的，也可以往里面加。梦想清单是一个"发现自我"和"积极行动"的旅程，伴随着你对梦想的热情和对自己负责的态度。

　　关于我第一次实现梦想清单的故事，可以通过我的微信公众号"琦琦77"查询我的文章《有梦想清单的人生》，或者上微博搜索话题"梦想清单"，你会看到很多行动派实现梦想清单的故事，大部分人都在写下梦想清单后不久，就惊讶地发现清单开始实现了。是的，你其实远比你想象的更有力量，而宇宙也远比你想象的更爱你。

关于梦想清单的几个常见的问题：

（1）梦想清单可以对外说吗？

答：梦想清单列出来后，当然可以跟好朋友交流，鼓励彼此去达到。只是我和李欣频老师都建议不要太过于公开你的清单，在公开性的场合或是网站上到处说，反而会影响梦想的实现。这个部分在 TED ①的演讲里有专门一个视频叫《不要公开宣称你的个人目标》，里面有专门的科学解释，感兴趣的朋友就去看看吧。总结一下视频的结论就是：埋头做，实现了再说。

（2）梦想清单只能一次列一年吗？

答：不是的，梦想清单是列下你想做的事情，实现期定为一年是比较理想的。大多数人的梦想在一年内都会实现很多，但并不是说所有的梦想清单都会在一年内实现，这个还是要看你的行动，可是你会越来越接近你的梦想哦。比如我有一些梦想清单也是用了两年三年才实现，有的现在还在进行中，但是一步步接近的感觉真的很好。

（3）有哪些帮助实现梦想清单的书？

答：书的方面我推荐大家可以读读李欣频老师的全套著作，张

---

① TED，technology、entertainment、design 的缩写，即技术、娱乐、设计。TED 是美国的一家私有非营利机构，该机构以它组织的 TED 大会著称，这个会议的宗旨是"值得传播的创意"。

德芬老师的《遇见未知的自己》系列，我个人最喜欢的书是《零极限》。有机会的话推荐参加一下李欣频老师的深度创意大课和上海吴依娜老师的"零极限"同修会。这些书和分享会都可以很好地帮助我们更了解自己，以及知晓如何对内在进行对话和清理。当你越走近内心，你越知道自己拥有什么，想要什么。

另外我特别推荐电影《遗愿清单》，这部影片会让你对梦想清单的意义有更深的体会。我之所以会开始列梦想清单，就是因为我不希望我老的时候，躺在床上面对死亡的时候，发现我的人生竟然有很多想做又不难的事情是没有做的。我希望人生能尽量少留遗憾，而且我总觉得这一世我能为人是很幸运的事情，我愿珍惜这个福报，希望这一生我能活出自己最好的生命状态。因此我觉得梦想清单对我来说，是我的愿望，也是我的修行。

元旦到春节期间是梦想清单愿力最强的时候，这段时间你想要改变自己的念头会很强，随之带来的能量和磁场也会非常好，希望大家把握这个时机，写出你们明年的梦想清单。预祝大家在新的一年里活出自己，实现清单！

加油，行动派！

文 / 行动派琦琦

● 活出你人生的所有可能

在信息和创意时代，不是所有事情都要靠规模和资本取胜，脑力工作尤其如此。这意味着，我们拥有了更多选择，可以不进航空母舰型的大公司，不从事流水线型的工作，不过朝九晚五的生活。

很多人想要改变工作和生活状态，于是问我：能不能说得再具体一点，不要空洞的理论，举几个实在的例子？

恰好，去年我参与了申音老师创办的一个创业项目，花了一整年时间，寻找在各个领域钻研超过 1 万个小时以上的达人，传播分享他们的知识、经验、感悟。

这一年里，我见过上百位达人，他们干的事情几乎没有一样的。也就是说，我见了上百种活法。这些达人，有全职上班业余发展爱好的，也有自由职业靠爱好过生活的。

他们各自有趣，每人不同。

有个子才一米五的塑身教练，出差爱在行李箱里放一架真人大小的骷髅骨架（教人体结构用的），屡次把安检人员吓一跳。

有个只做骷髅的设计师，据说他在上大学的时候，就曾为了研究骷髅，挖出过一个真人头骨，现在正致力于打造一家特别的私人会所，会所里从椅子到灯具全由自己设计制作，全由骷髅组成。

有超爱收集猫头鹰饰品，给彭妈妈做过国礼的京绣传承人。

还有做精酿啤酒的老板，干脆直接把人生准则印在了自己设计的 T 恤上——"人无啤（癖）不可与之交"。

人与人的爱好是如此不同，本来就没有什么固定模式，我们从那些生活得更自在、更张扬的人身上，或许可以找到一些通向个性化之路的线索。

那么，他们是怎么找到以及做好喜欢的事？

第一，永不衰竭的好奇心和超强学习能力。

找到喜欢做的事情，从好奇心开始，多体验，多尝试，不用担心没有专业背景。

我接触的达人中有一部分人的爱好与专业相关，更多人所做的事情跟专业完全无关。比如精酿啤酒的老板，以前是一名电子工程师，健身教练以前则是一名语文老师。

虽然和专业八竿子打不着，但他们都有超强的学习能力。

他们愿意学习，舍得花钱去学习，其中一名花道准教授级别老师（爱好也和他的专业、工作没有必然关系），攒着钱不买房不买车，每年都花大量时间泡在日本，跟着老师学习更高级的花道课程。

学着学着，愣是把日语也无师自通了。他打算今年再增加去台湾的行程，求教其他门类的插花方法。

达人中间有部分人甚至没上过大学，像某位收旧货的大哥，他说："我没什么大本事，但比较好学，我向人请教的方式就是请人吃饭，我这四合院到夏天就办 party（聚会），我亲自下厨给大家做炸酱面吃，谁来都行。大家聊天，我就在旁边听着，有导演聊电影的，艺术家聊画画的，跟着长长见识。"

第二，专项技能上的渐进投入。

1 万个小时的投入是从玩票到专业的硬性指标，但 1 万个小时究竟应该投入在什么地方？

这 1 万个小时，一定不是简单重复，必须是在窄度和宽度上的持续精进。

健身教练很多，但在健身房找到的教练，往往一上来就 5 组蛙跳、5组深蹲、各种负重，一定折腾得你第二天爬都爬不起来，好像这样才显示出专业。

而这次认识的一名健身教练，什么都不做，光大脚趾就能和你聊上大半天。通过专业人士的讲解，我才第一次意识到，原来天天闷在鞋子、袜子里的脚，也是分5个指头的，5个指头各有用处，纠正大脚趾或许就能帮助改善体型。

据说教练的骨科老师，连脊柱末端两块椎骨的连接情况也能细分成几十种，看骨头的X光片就能判断患者平时的工作生活习惯。

那位有意思的收旧货大哥，他自称没什么文化，摆过地摊当过混混，生活所迫去收废品，收着收着发现这里面也有门道，后来他专注于收旧电器，藏品堆满了四合院的7个房间，光收音机就可以拿出来开个博物馆。只要是收音机，他看一眼就知道出产年代、成色，有没有故事，应该报什么价格。

现在在"外婆家"的餐馆里，稍留意一下，抬头就能看到他收来的打字机、旧胶片、电视机……

每个人都有自己的世界地图。

因为与某项技能结缘，世界在达人们的眼中是不一样的。美食达人可以细数五大洲的食材，园艺达人知道每个国家最有名的花园和展会在哪儿。天文达人们组团去山顶拍摄星空，他们成立了户外观星组织，不定期在全世界游走。

我问他最想去哪里观星？他告诉我，夏威夷莫纳克亚天文台是观星胜地。一提到夏威夷，我能联想到的是阳光沙滩草裙舞，而对另一些人来说，星空之下的望远镜更有吸引力。

提起瑞典，我能联想到的是宜家，而对摇摆舞达人来说，那里有一个叫 Swing（摇摆）的村落才是舞者的乌托邦，村子里所有人，做饭的、煮咖啡的、卖菜的、扫地的、卖报纸的……都会跳舞。盛会时节，全世界上千人聚集过来，除了吃饭睡觉可以疯狂地跳一星期。

跟着这样的世界地图去旅行一定是幸福的，他们做攻略不靠看游记和 LP [①]。因为看到了别人没看到的方向，所以走到了别人没去过的地方；因为专业，看世界的视角又可以细腻、丰富、有趣好几分。

第三，不以量为基础的努力都是耍流氓。

尽管我以前知道，发展一项爱好，势必要付出努力，但大多数时候，我们都不清楚究竟应该努力到什么程度，应该付出多长时间

①　LP，*lonely planet*（《孤独星球》）的缩写，全世界最大的私人旅行指南。

的努力。

去年接触的达人，都是努力超过 1 万个小时（起码超过 3 年）的人，我才粗略地知道他们曾经付出的热情和坚持有多折磨人。

我在做项目之前就听说过 PPT（演示文稿软件）达人秋叶老师，因为他永远都在网上无私分享 PPT 模版，PPT 加班狗估计都在深夜流着泪下载过他的模版。接触过真人以后我才意识到，那动辄好几个 G 的素材肯定不是那么好整理的。

秋叶老师做 PPT 不完全出于兴趣，但真的勤奋到让人叹为观止。光为了做上台演讲 PPT 的其中一个示例，他就原创了 60 多个不同模版，彩排的时候觉得效果不好，当即决定全部删掉，熬一个晚上又做了新的。

另外接触的一名踢踏舞者，每天练舞的时间都在 6 个小时以上，踢踏舞和别的舞蹈不一样，对脚步的灵活性要求很高，可以看到舞鞋的鞋底都是拿铁掌钉的，这样的鞋他也能跳破，因为每天他用脚击打地面超过 10 万次。

这些人怎么靠喜欢的事赚钱？

第一，美是生产力，审美和判断力是值钱的。

2015 年 11 月初，我去韩国旅游。朋友说，韩国代购那么火，东西便宜又实惠，就算要"买买买"也不必亲自跑一趟，然而去了以后发现，只买韩国货不逛店绝对是一种损失，韩国商品的价格起码有 30% 依附在包装和店面体验上，就算卖的是 10 块钱的面膜，店面装修也颇费苦心。彩妆护肤店，口红、腮红不过百元，但陈列起来毫不马虎，没有廉价低档感，看放产品的背板，颜色故意做旧且做出层次。

抵达韩国时当天气温不到 10 度，走在明洞商业街上，很容易分清了游客和居民。游客一律裹着厚厚的棉袄，而韩国姑娘大抵都光着腿，披着一件薄薄的黑色大衣。或许资源稀少的她们更清楚，美是生产力，应该排在最优先级。

自由职业的处境和韩国类似，不能拼人多，不是流水线，也没那么幸运垄断什么资源渠道，所幸的是，这是一个靠审美和见识也可以赚钱的时代。

用审美和见识创造出更好的产品、提供更好的服务，或者将自己的见识传授给别人，都是谋生的方法。

采访过一名给明星化影视妆的化妆师，我问道："如果我早上起床，只有 5 分钟的时间化妆，应该做什么？"她脱口而出："涂口红。"哎，我一直以为是化眼妆啊，备了一大把睫毛膏、眼线、笔眼影，一不小心就整成熊猫眼，听了她的建议后火速收入 3 支不同颜色的口红。难怪时尚达人都流行抹个大红唇什么的，一支口红真的能 1 秒改变形象。

你看，对于变美这件事情没有人会拒绝的，而专业的人可以给出专业的建议，帮你快速找到正确的路径。帮别人节省时间，提高效率，达成想法，也就是帮自己实现价值。

就算前文中提到的骷髅设计师，我感觉他从事的是一个相对冷门的非主流行业，但一样深受固定客户喜欢，机车男们爱死了他设计的酷酷的骷髅戒指、项链和钥匙扣。

第二，时间的复利，要相信坚持与创造的力量。

一件事情，只有坚持到一定程度才会出成效，这便是时间的复利效应。道理听起来很简单，做起来却没有那么容易。

我相信很多姑娘都玩过几样手工，橡皮章、不织布、十字绣……这些小打小闹的手工，大多数人玩过几次就扔了吃灰，但也有人，把小打小闹的消遣认真做大了。

皂皂女王刚迷上手工皂、收藏手工皂的时候，大多数人不明白她为什么要把大把的钱砸在这块没用的地方。到现在，她家里收集的手工皂已经超过 2000 块，她在世界各地探访手工皂原产地，很多地方连当地人都没听说过。

她提出离职时，领导非常支持，同事也相信她更适合做一名自由职业者。当初不理解的人现在开始向她咨询关于手工皂的建议，朋友们出去游玩，会带回当地的手工皂给她做礼物，向她购买手工皂的人和商家越来越多。

现在她一边做着培训，一边卖着自制手工皂，还筹划出书、做电台……

经过去年长达一年与达人们的相处，我经常感觉到，怎么这也能成为一件事在做，比如专门帮人解决拖延症问题的、专门帮人做整理的、专门教人写作的……如果你还在苦恼自己身无所长，不知道从何处下手转型，希望他们的经历对你有所启发。

找到一个方向，学习，拓展知识的窄度和宽度，努力地积累，等待自己的审美和见识超过行业平均水平，然后享受时间带来的复利。

自由之路漫长，但前方充满希望，把自己喜欢的状态活出来，是我们终生要求解的课题。

文 / 徐小妮

● "多重职业"成为全球新趋势

前几天，一个朋友和我说，让我给他推荐一些身边的"斜杠青年"。这个概念引起了我的好奇，于是我花了点时间去进一步了解。

原来，"斜杠"一词来源于英文 Slash，这个概念出自 2007 年《纽约时报》专栏作家 Marci Alboher（玛西·埃尔博尔）写的一本书 *One Person/multiple careers*（《一个人 / 多重职业》）。她在书中提到：如今越来越多的年轻人不再满足"专一职业"这种无聊的生活方式，而是开始选择一种能够拥有多重职业和多重身份的多元生活。

这些人在自我介绍中会用"斜杠"来区分不同职业，例如，莱尼·普拉特，是一名律师、演员和制片人，于是，"斜杠"便成了他们的代名词。

了解到这个概念后，我很兴奋，在此之前，我一直为要如何向不熟悉的人介绍自己而感到困惑，现在，我终于拥有了属于自己的定位——I'm a Slash！（我是一个斜杠青年！）更重要的是，我不再是别人眼中的另类，因为这个世界上还有很多与我相似的人，我们不满足单一职业和身份的束缚，而是努力让自己活得更加多元和精彩。

Slash 不只是在国外流行，国内一线城市也已经开始出现 Slash 的身影，并且数量在逐渐增加。我身边就有不少 Slash，他们当中，有的是完完全全的自由职业者，依靠不同的技能来获得收入，有的则有份朝九晚五的工作，在工作之余利用才艺优势做一些喜欢的事情来获得额外收入。

Slash 的出现并非偶然现象，而是社会发展到某个阶段会出现的必然现象。罗格斯大学教授、人类学博士 Helen Fisher（海伦·费舍尔），在一次 TED 演讲中谈到人类社会两大显著趋势时说，随着女性重新回到劳动市场，女性和男性之间的距离正在慢慢缩小。

这里，她用了一个很有意思却十分准确的词——重新回到。为什么说是"重新回到"呢？Helen Fisher 解释说，在一万年前的采集社会，女性曾是主要的食物提供者，她们采集的食物占到当时总饮食的 60%~80%。因此，那个时候，女性和男性有着同样的经济和社会地位。

然而，从农业革命开始，女性的地位便慢慢下降，直至从属，她们甚至被看成是"商品"。社会的发展和进步让女性重新获得了经济实力，男女也渐渐趋于平等，人类社会终于开始朝着原本应有的状态发展。

同样，我认为 Slash 的出现，也是一种社会进步。这种进步使得人类能够摆脱"工业革命"带来的非人性化的限制和束缚，让其天性得到释放，回归到人类本应属于的状态。

那么，人的天性应该是什么样的？这得去看看采集社会时人类的生活状态，因为人类在采集社会的时间占到了人类整个历史的90% 以上，因此尽管生活在现代，实际上人类只进化到了适应采集社会生活的程度。尤瓦尔·赫拉利在《人类简史》中描述了采集社会中人类的生存状态，为了适应不稳定的生存环境，当时的人类必须拥有非常全面的生存能力和知识，才能够随机应变地躲避危险，获得食物。

为此，他们在成长过程中，需要通过全面的训练获得独当一面的生存技能。那时候，人类的生活十分丰富多彩，他们每天都可以接触不同的新鲜事物，还能发展和运用不同技能。由此可以判断，人的本性就是喜欢多元的生活与环境，喜欢利用不同技能来应对新挑战。

然而，农业革命和工业革命先后把人类限制在固定的土地和固定的工作场所，从事没有多少挑战的重复劳动。于是，"专业化"成了人类社会的"圣经"，也成了这个时代的"理所当然"。不管是学校教育还是后来的职业发展，我们都在努力让自己变得越来越专业化，以便成为一枚产业链中的螺丝钉。

我相信 Slash 在不久的将来会越来越流行，并成为新一代年轻人所热衷的生活方式，这不仅是因为这种生活方式更符合人性，更是基于以下几个重要的社会趋势：

趋势一，服务业将慢慢成为最大产业。

在后工业时代，服务业将慢慢成为最大的产业，这包括教育、健康娱乐、文化、艺术、旅游等，未来必将有大量人才涌入这个行业。服务业与工业最大的区别就是，服务业不涉及生产，其交换的大多为个人技能、知识和时间，不存在大规模生产，没有很长的产业链，也不需要大规模合作，很多情况下，个人甚至就能成为一个独立的服务提供商。

如今，互联网的发展又为此类服务业的发展提供了很好的支撑，帮助供需方解决信息不对称的问题，让独立的个体之间能够直接进行交易。硅谷目前最火的明星公司 Airbnb（空中食宿）和 Uber（优步），就让全球成百上千万的人拥有了第二份收入。在国内，除了类似平台之外，还兴起了运动健身、教育、私厨美食、美容美甲按摩、旅游服务、技能知识分享、时尚买手代购等平台，使得大量相关技能拥有者能够摆脱机构的束缚，直接为用户提供服务。

除此之外，微信公众号也成了推广自品牌很好的方式，很多人通过运营公众号以及由此而衍生出的商品和服务获得了非常不错的收入。现在，只要你有一技之长，就能利用各种垂直平台获得职业外的额外收入。

趋势二，知识和创造力的时代已到来。

人才，超越了土地和资本，成为生产要素中最重要的一部分。在资本经济时代，资金曾是最重要的生产要素，只要有大量资金就能购买土地和工厂，雇用大量工人，通过规模效益获得巨大利润，这些企业培养出了一大批优秀的职业经理人，他们是那个时代的精英，用自己专业的管理知识为企业主服务，创造了巨大的价值。

然而，那个时代已经一去不复返，资金不再等于一切。硅谷的崛起使得过去那些老牌的全球 500 强企业黯然失色，世界的聚光灯迅速转移到了那些充满活力和激情的科技公司，Google（谷歌）与苹果的成功大大提高了工程师和设计师的地位，于是那些曾经在学校最不受欢迎的 Geek ①登上了历史舞台，成为各大科技公司和互联网公司争相抢夺的人才资源。

关于这一点，互联网人一定感受颇深，在整个移动互联网行业，资金变得非常廉价，千万级别的融资根本不值得一提，初创公司几乎把融到的钱都砸在了工程师身上。我们需要意识到的是，当互联网的基础搭建完成后，当所有可连接的点都以各种方式被连接在一起之后，拼内容的时代就来临了。技术只能服务底层建设，提高交易效率，它本身并不是最终交易的一部分，最终的价值创造靠的则是那群能够产出高品质内容和创造出有真正需求的产品和服务的人。

因此，我认为，继工程师和设计师之后，一类新的人群即将崛起，

---

① Geek，译为极客，是对那些残忍的马戏表演者和不食人间烟火的计算机癖的老式称谓，后衍生为一般人对电脑黑客的贬称。

就是那些知识型和创造型的人才，他们应该很快就会成为资本追逐的对象。

趋势三，经济组织方式将发生变革。

不久的未来，经济组织方式也将发生变革，那种在固定时间把人集中在固定场所的传统工作方式将逐渐被松散的合作式的方式所取代。资本经济时代的管理理念是：人是懒惰的，因此雇员们需要被严格管理，于是他们被安排在固定的时间和固定的场所做着无聊的重复劳动。

这套管理和企业组织方式在知识和创造力时代是行不通的，因为人只有在自主和自我驱动的状态下才能拥有最大的创造力。事实上，组织创新早已经在硅谷如火如荼地进行着，在那里，企业员工有着极大的自由来选择与谁工作，参与什么项目，在哪里工作，以及何时工作。我甚至大胆猜想，随着优秀人才的需求以及他们本身可选择机会的增加，传统的雇用制甚至会慢慢转变成合作式，正如这句话所预测的那样"你再也雇不到优秀的人才，除非你跟他合作"。

其实，雇用与合作最大的区别就是利润的分配。在资本处于强势的时期，企业创造价值而产生的大部分利润必然归资本方，然而，当人才成为关键的资源后，它的稀缺性会推动其价格的上涨，利润也将逐渐从资本方转移到人才方，直到达到合理分配，即合作状态下的利润分配。

因此，在未来，一个人越优秀（优秀的定义为"拥有很难被替代的知识或技能"），受到的限制就越低，他有足够的权利来选择与谁合作，利润如何分配，每天工作多长时间等，也就是说，他将同时拥有自由和财富。

趋势四，最重要的投资是"自我投资"。

随着新时代的来临，整个社会重新燃起了对知识的渴望和崇拜，这将给知识型人才带来巨大机会。

事实上，这种趋势已经十分明显，"罗辑思维"和"在行"的成功就很好地说明了这一点。"罗辑思维"从一个公众号开始，两年内做到几百万粉丝，并且 B 轮估值达到 13 亿，由此可见这是一个潜力巨大的市场。我认为罗振宇把"罗辑思维"定位成"知识服务商"是个明智的决定，他在把知识变成一种大众消费品之后，又把大量优秀的知识拥有者推到"台前"，让他们成为知识生产商，自己则从中分得利润。

　　"在行"的出现和流行也很好地验证了一个事实：市场已经愿意为有价值的知识和经验付出高额费用，这在原来是不可想象的。我很开心看到这种现象，这绝对是件值得中国人欢欣鼓舞的事情。

　　在中国历史上，文人墨客和士大夫原本就一直都属于贵族和精英阶层，商人和有钱人也就一跃成为大众崇拜和羡慕的对象。

　　如今，很多年轻人已经开始从沉迷于物质的生活中觉醒，从原来的"炫奢侈品"变成了现在的"晒书单"，并且充分利用业余时间来充实自我。我相信，知识服务将是块非常大的市场，他们也将因此成为这个时代的精英，并获得应有的财富和社会地位。

　　我认为，我们现在所处的时代是人类历史上最好的一个时代，年轻人不再需要拼家庭背景、拼人脉、拼财力，而是可以完完全全通过自身实力和才华就能获得个人成功。

　　这其实得归功于互联网的发展，它的出现冲击了传统"社会阶级"的根基，提高了社会流动性，给这个世界带来了"人人平等"的机会。所以，**这个时代最重要的投资应该是"自我投资"，只要你拥有扎实的知识功底、才华或者技能，就可以拥有多重职业和身份，成为 Slash 中的一员，过上一种更接近人类原本生活状态的、自主的、**

更多元化和有趣的，同时又能经济独立的生活。

最后请记住：

（1）这是一个内容为王的时代。

（2）创造力将成为人的基本素养。

（3）人的个性被不断释放，兴趣正在成为谋生手段。

（4）自由职业正在大量兴起。

（5）未来人人都是微商，人人都是自媒体。

（6）你再也雇不到优秀的人才，除非你跟他合作。

（7）人们的关系将由"关系驱动"向"利益驱动"切换。

（8）"生命质量"取代"生存质量"，成为第一追求。

文 /Susan Kuang（旷世典）

● 为什么富人越来越富，穷人越来越穷

我出来工作这么几年，穷人接触过，富人也接触过，最深的感受就是：人和人之间的差别实在是太大了，有些人一个月赚几百万，有些人一个月下来连自身温饱都顾不了。

人与人之间的差别，事实上在金钱上被量化了。

我们如果要谈嫌贫爱富，势必要先谈谈什么是穷人思维，什么又是富人的思维。

在这里我需要先说明一下，这个里面讲的是一种普遍现象和总体趋势，而不是概括所有的穷人和富人，穷人里也有很聪明具有富人思维的，富人思维里也有穷人思维的，否则这个世界上就不会有穷人靠勤劳致富，也不会有富人一夜之间沦为穷人。

第一，从金钱的维度。

穷人在做很多事情的时候，首先考虑的事情就是钱，而忽略了

一件事情的本质。

我见过很多对待金钱很极端的例子，尤其在穷人身上。

我有个亲戚，以前家里摆着台空调，但总是不开。南方的冬天冷，家里几个人认为，冬天穿多点就行了，舍不得开空调，一直冻到三个人感冒了才心安理得地打开——你看，我都感冒了，当然就要开空调了。

一台空调，价值两三千块钱，按照他们家这样的省法，可能用到空调罢工了，电费还不到一台空调的钱。他们以为自己是赚了，但其实是亏了——一件物品买回来，并没有发挥它应有的价值。

对于富人来讲，空调使得他们不再被天气左右，给了他们更加优越的工作环境，从而提高了工作的效率，创造比这个电费高得多得多的价值。

空调，买回来本来就是让人过得更加的幸福、舒适，而穷人常将这些本末倒置：先扛着，实在扛不住了再开，一开始买的时候，就忽略了"买"这件事情的本质。

第二，从时间的维度。

对时间的理解不同，也造成了贫富的巨大差别。

别人跟我说过一个事，很有意思。他说："你看，你每餐在外面吃饭，外面的东西又脏又不新鲜，而且价格也高，我说这做饭还是得自己做，又干净又卫生。"

我说："我有钱请一个人回来做不就得了吗？"他说："请一个人？何必呢？我自己做一做，不就把那个钱省下来了吗？"

这个观点很有意思，很多穷人都有这种思想：只要能省钱，花再多的时间也不惜。

宁愿花半个小时在寒风中等公交车，也不愿花十几块钱打的。

宁愿每天花两个小时做饭，也不愿意花几十块钱让一个专业的人做好端上来。

宁愿花一下午搞卫生，也不愿意花钱让阿姨来打扫。

"能省则省"，是他们的惯用语。

可实际上，我们每个人赤条条地来到这个世界，身上本来是一分钱没有的。

你能坐在咖啡馆里悠闲地喝咖啡，是因为你在喝咖啡之前，就花了时间在工作，你拿着工作时间换来的钱，花在喝咖啡上——钱在这里仅仅是起了一个介质的作用。

从本质上来说，你是拿着工作时间换喝咖啡的休闲时间，是一种时间上的交换。

对于穷人来说，恨不得自己将每个该花钱的地方都承包了，在一分钱都不支出的情况下，又赚了钱。

他以为自己这样是"省"了，其实算下来，反而是成本最高的。一个人，想在什么地方都占便宜，到最后，反而会走了远路。倒不如将这些专业的事情包出去，转给专业的司机、专业的厨师、专业的清洁人员，效率将是成倍地提升。

省下来的时间，则可以做更多自己擅长的事，创造出更多的价值。

穷人只看到眼前的一顿饭钱，而一餐饭的钱就摆在那里，这个数额是有限的并且是看得到的，如果他将他的时间花在事业上，前景将更为广阔。

同样的事情还发生在交男女朋友上，我看有些人老是埋怨："我找妹子，总是找不到，为啥？"

一看，他在"陌陌"上一个个找人发"你好"，岂不知很多妹子的收件箱里，装满了"你好"，但有些人就很聪明，直接在"附近的人"里丢个红包——可能就仅为图一个乐，但对于女孩而言，当然更喜欢与大方、宽容的人交往。

我曾经在"附近的人"里抢到一个很丰厚的大红包，具体数目就不多说了，拿人这么大的红包，不主动打个招呼都不好意思了。

第三，视野的维度。

富人因为富裕，闲暇时间比穷人要多，因此，他们才会有时间受更好的教育，享受书籍、电影这些精神食粮，从中提升自我。

很多时候我都觉得，并不是出生或者什么造成了穷人和富人之间的巨大差别，而是思维造成了两者的落差，这种落差，在你的一生，会逐渐积累，最后越变越大。

我很早以前在工厂里工作的时候，遇到一件很有意思的事情。我坐在办公室，隔壁就是车间，车间里的工人，一闲下来就喜欢往办公室里看，看看我们在做些什么。

办公室的人经常会很闲，忙完了后，有时就会坐在办公室看电影、打牌，或者玩手机。

我经常和这些工人对话，他们会阴阳怪气地对我说："你们坐办公室真不错啊，每天坐在那里玩手机、看电影就能收钱，哪像我们，每天加班到晚上 10 点，还没有休息。"我说："我不用工作吗？你出的货，做完了难道就摆在工厂里？谁帮你联系出货，谁报关呢？"

"你当然不用啦，你每天看看电脑，打打字，打印几张纸，一个月工资就到手了。"

他们虽这样说，我却并不生气，因为我知道，有些东西是见识的高低。

从他们的视野来看问题，这个世界上，只有像他们一样，每天辛勤地劳动，将一件件东西造出来，才是真正创造价值的，用他们的话说，那叫脚踏实地。而我们每天在电脑前敲敲打打，都是虚的，但正是他们看起来有价值的这些事情，恰恰是最没有价值的，中国的制造业正在逐年萎缩，一个很重要的原因就是——目前很多国家，正在通过机器人来代替人工。

在手机制造、汽车制造很多流程里面，已经开始使用机器人，未来，机器人代替重复单一的手工劳动将是不可避免的趋势，鞋子行业，我相信也是其中的一个。

重复做单一的劳动，是最没有价值的，比如收银、比如清洁、比如制造业，现在我们很多家庭用的清洁机器人就是一个例子。

我有个亲戚，以前很有钱，后来有一天穷困潦倒了，没办法，还是要吃饭，跑到居委会去申请扫大街。结果，扫大街也没人要，为什么呢？因为抢这个饭碗的人实在太多了，只要是个人就会扫地。

当然，我在这里没有看不起扫地工人的意思，我的意思是，这些工作的可替代性太高了，你可以做，我可以做，他也可以做，机器人可以做，因此就没有什么独特的价值。

聪明人会想尽办法提高自己的水平，离开这个低收入的圈子，进入另外一个价值含量更高的圈子，而不是每天嫉妒身边的这个收入比你高，那个比你做的事情少。几个老熟人，差来差去就那么几千块钱，争吵起来实在没什么意义，除了让自己心塞和别人心塞以外，没有其他作用了。

只是很多人在忙完工作之后，就想着打牌、喝酒、吃饭、睡觉，没有想着改变一些什么，将时间都白白地浪费了。

一个人之所以会变得富有，如果不是富二代，我想是有他的原因的。

穷人的思维最可怕的地方在于，他不但让自己穷，而且还总是会影响别人，表现在以下几个方面：

第一，在金钱方面，一个穷人对自己吝啬，对别人自然也好不起来。

我在工厂里的时候，办公室里放着一台空调。哪怕是广东一年最热的时候，温度计哪怕升到 40℃，摸着桌子都发烫，老板也不会打开空调给你用，解释起来还非常坦然："你看，我还不是和你一样，一起受着酷暑吗？"

可他一见到客人，哪怕只来了一个客人，他都会把空调打开，这种做法给人的感觉非常难受——仿佛只有客人才是人，而其他人都不配吹空调。

相对于其他行业，制造业是相对比较穷的行业（我相信互联网公司，要是哪个敢说自己在工作时间不开空调，那这家公司基本上就招不到人了），一些最丑恶的现象，如拖欠工资、克扣福利，甚至不提供工作餐的现象，基本上都集中在这个行业。

第二，穷人不仅不珍惜自己的时间，也不珍惜别人的时间。

我刚开始接触富人群体的时候，发现一个现象——这个群体的话很少。

刚开始我会觉得，这个群体很冷漠、清高，自以为了不起，后来我发现，实际上他们是很珍惜自己的时间，把有效的时间都用在有意义的事情上。

穷人的废话则很多，有一个很明显的现象——喜欢过度地强调自我，比如今天我在商店里，谁谁谁对我态度差，某个人的人品不好，昨天煲了一锅汤太好喝了等。这种人把情绪带到工作里会影响团队，带到家里会影响家人的情绪。

跟他们沟通也非常的困难，交流的时候经常先"我很难过""气死我了""那人真是狗眼看人低"……描述一大圈后才说正事，既浪费了自己的时间，又浪费了别人的时间。

富人则很少埋怨这些，我见过很多富人，都是默默地忽略这些不紧要的小事，将自己的精力和时间放在自己认为最重要的事情上，讲话都是言简意赅、简明扼要、直达重点，没有什么废话，跟这种人沟通起来，想不开心都难。

第三，视野的狭窄导致了胸襟的狭窄，更容易造成冲突和矛盾。

在我们工厂，平时发工资，很有意思。工人拿了工资还不算，还得到处翻着工资表，看别人的工资。比如做鞋面的，喜欢和拉帮的比工资："为什么大家同样是做一双鞋子，只是做不同的部位，拉帮的就比做面的高？”

　　他跑到老板那边大吵一通，但吵到最后，什么都改变不了，因为不仅仅是我们厂，你去别的厂，给出的价钱也都是这样。

　　其实这些，都是一些没有意义的事情。一个人，如果稍微将一些规律看透，他会明白这样一个道理：市场总是很聪明的，他给出的最终定价就是合理的。价格，是人与人、人与钱最后博弈所产生的结果，老板也没有傻到多给拉帮的钱，而少给做鞋面的钱。

　　这些人看到别人的工资比自己高，第一反应就是生气，而不是想到我自己和别人比，有哪些不足和短板？为什么我干的活儿比别人多，而拿的工资比别人少？相反，他们还极尽讽刺之能——实际上这不仅是一种胸襟的狭隘，更是一种愚昧和低情商。一个聪明的人，在说这句话之前，他就应该预料到，这话说出来，只会招人嫉恨，除此之外，就没有其他作用了。损人不利己的话，说了还不如不说。

　　我们从小就被灌输一种思想：金钱是万恶之源。可在我看来，金钱本身既不恶，也不善。它如同河流一样，总是流向它该去的地方。

史玉柱曾说："企业最大的罪恶就是不赚钱。"

无论是对于企业还是个人，贫穷似乎天生就流着一股罪恶的血。我曾经在自己获得好评无数的回答《我所理解的贫穷》中举过几个贫穷的例子，这里面举的几个例子，我在富人身上都没见到过。

从世界范围上来看，富裕地区的人，总体人口素质比穷的地方的人要高得多。从历史的范围来看，富裕时代的人们，道德感、人均素质、教养比穷时代的人们要高。

穷并不可怕，可怕之处在于：穷导致了穷人的思维，而穷人思维进一步加剧了穷困潦倒。

与跟贫穷的人相处比起来，我经常感觉到，跟富人相处，更加舒适、自然。

我们每个人都喜欢勤勤恳恳、少说多做的富人，而不喜欢怨天尤人、口水比茶多的穷人；喜欢出手大方、干净利落的富人，不喜欢心胸狭窄、拖泥带水的穷人；喜欢勤劳聪明、谦虚谨慎的富人，不喜欢懒惰愚蠢、骄傲自大的穷人。与其说是嫌贫爱富，不如说，在我们每个人的内心深处，都"喜欢富人思维，而厌恶穷人思维"，这实乃天经地义。

如果你还深陷贫困，应该多多学习富人思考问题的方式，而不

是一味地嫉妒、憎恶、埋怨，这些只会让你更加贫穷。

只有积极地学习，有了富人的思维，才会有与之匹配的财富，生活才会一步步好起来。

文 / 万方中

● 22 岁的我辞去年薪 150 万的工作

　　今天是 22 岁的最后一天。几个月前，我从沃顿商学院毕业，用文凭上"最高荣誉毕业"的标签安抚了年过半百的老妈，然后转头辞去了毕业后的第一份工作。

　　我跟一家很受尊敬的公司，还有 150 万的年薪道了别，回到了上海，加入了"刚毕业就失业"俱乐部，开始了一天三顿盒饭的新生活，开始创建一个叫作连客的小东西，中间许多精彩剧情暂时略过。

　　在说自己的一些有趣故事前，我想借用大家（包括 30 岁甚至 40 岁以上的朋友）的一点时间和一点平和的心态，和大家分享过去一年以来一直没说的一些话。

　　这世上总有些东西和人生理想一样真实——学历、工作、房、车、财富，以及爱。我们每个人都愿意为了这些欲望去付出，无论付出的是汗水、鲜血，还是身体健康，又或是其他"你懂的"。尽管我们付出的方式可能不被社会主流认同，可能没那么戏剧性，但你和我，北大图书馆里的学生和网吧中奋斗的少年、职场杜拉拉和夜场里跳舞的小姐、韩寒和凤姐在某种程度上都一样，谁没有为了一个目标奋斗过？谁没有为了得到一样东西而撕心裂肺地付出过呢？谁没有过那种拼命得快受不了的感觉呢？我们最不缺励志的故事，因为我们每个人都是付出领域的专家。

真正的问题是，当我们跑得越快，就越无法考虑我们是否在朝着正确的方向奔跑。

北野武讲过一个很有趣的故事。他说他没出名之前想有一天有了钱，一定要开跑车，吃高档餐厅，跟女人们睡觉，可当他真正功成名就的时候，忽然发现开保时捷的感觉并没有那么好，因为"看不到自己开保时捷的样子"。然后他就让朋友开，自己打个出租车，在后面跟着，还对出租司机说："看，那是我的车。"

我想说，过去几年里我认识的、深交的、共事过的所有人，包括身边一批又一批20出头收入100多万的金融朋友、30岁左右收入几百万的前辈朋友，以及简历辉煌得已经不在乎收入的大 boss（老板），以及我自己的经历告诉我两件事：

第一，顶级学校的文凭、顶级公司的工作、顶级的收入、顶级的房、顶级的车、顶级的声望，这些都无法满足人类。

第二，无论是通过爸妈，通过运气，还是通过奋斗得到这些顶级的东西，人类都不会得到更多的幸福感。

接着北野武的故事说下去。想象一下：你今天骑在一辆助动车上，一个小山村来的年轻人经过，说你的车好帅，你不会有任何的满足感。十几年的奋斗后，你坐在一辆你今天都叫不出型号的保时捷的驾驶位上，一个路人经过，说你的车好帅，相信我，你也不会有任何的满足感。你不在乎他，就像你今天不在乎说你助动车帅的人——你的视角在变。每当我们考虑许多年后能够取得的成就，总是习惯站在今天的角度去衡量幸福感和满足感。你今天的视角只是错觉，却让你相信自己的目标是正确的，这是我们最容易跑错方向的时候。

人类的需求是很奇特的。我们吃第一个面包的时候的幸福感，和我们吃第 1000 个面包的时候的幸福感是差不多的，前者甚至比后者还多一些。同样的感觉适用于我们赚到的第一笔 1 万元和第一笔 1000 万元，第一辆 10 万的车和第一辆 1000 万的车，第一个女孩和第 10 个女人，第一个男生和第 10 个男人。

"生理需求、安全需求、归属与爱的需求、尊重的需求和自我实现的需求"，在著名的马斯洛 5 大需求中，你从任意一个细分需求里获得的幸福感只能有那么多。

我想谈以下这几点：

第一，关于外界。

外界带给我们生活最大的影响是嫉妒和比较。

我们一直高估了嫉妒。举个例子，没有人嫉妒 Lady Gaga（雷蒂·嘎嘎）。Lady Gaga 应该比我们都更有名、更有钱、坐更好的车、住更大的房子，比我们更随心所欲，也比我们更有才华。

但你不嫉妒她，对吗？我们没有人嫉妒 Lady Gaga——因为她实在是太雷了。她奇怪得让我们完全不能把我们自己跟她联系在一起，所以我们在她的名利和才华面前没有自卑，也没有嫉妒，更没有仇恨。反而，我们会去思考，觉得她挺有趣的，挺发人深省的，不是吗？

当你见到好事情发生在了那个他或者那个她身上，嫉妒的小火苗在你心中扑哧扑哧的时候，不如把 TA 当成那个很奇怪的 Lady Gaga 吧。因为这样的时候，我们就会懂得抛开个人的杂念，去真正思考别人的亮点。

至于比较（Social Comparison），我们可以选择努力向那个绩点 4.0 的同学看齐，努力向那个年薪几十万的旧识看齐，努力向那个不断得到提拔的同事看齐。

或者，我们也可以选择看看外面更大的世界，那些和我们一样年轻的人们。看上去像是有 30 岁阅历的 Adele（阿黛尔），19 岁时出了张白金专辑《19》，21 岁时出了全销量 1200 万张的专辑《21》，拿了两座格莱美。她出生于 1988 年，眼神和心态却似乎像中年人那样淡定。

如果你喜欢实用一点的，那么 iPhone（苹果手机）上用户量最大的个人开发第三方浏览器猛犸浏览器的开发者，是一个 1992 年出生的北京少年。如果你的视线中有一个世界舞台，那么你会看到上面的人物已经越来越接近你的年龄。

我们不需要去"看齐"，我们只需要去"看"，去看这个世界除了你现在正处于的那个若干平方米的封闭空间以外，还有许多许多精彩的事正在发生。当你发现这个世界的深度和广度，就会发现你跟你身边的那些同类人根本没什么好比的。这个世界太大了，你不是你自己的标杆，别人也不是，谁都不是你的标杆，这是一个没有标杆的时代。

我们要做的是试着不去嫉妒，不去比较，更不要批判，而是试着去观察、去倾听，然后思考、沉淀，让所有外界的信息在你大脑里经历一个长时间的处理过程。

第二，关于标签。

"牛 ×"是过去几年里笔者听到的比较多的一个形容词。当我们喜欢的人称赞我们的时候，我们总是屁颠屁颠的。在这里为自己开脱一下，觉得这挺好，说明活得挺真实。

我想用一个很好的朋友（自己来认领）去年当着我面描述我听的原话，来翻译一下这个已经被用得和"帅哥""美女"一样烂俗的词。她说："你想太多了（这是她一贯的开场白）。你只是有很多很牛的标签——上海中学、沃顿商学院、最高荣誉、黑石的全职 offer（录用聘书）、百万年薪。至于你本身嘛，牛不牛就说不清楚了。"

这个故事告诉我们：（1）"牛"和"帅哥""美女"一样，是一种打招呼的方式；（2）"牛"的从来都是那些标签，那些改变了金融产业的企业，那些通过培养人才改变了世界的学校，以及那些被定义为时尚的品牌。

如果你曾经或者将来获得了任何标签，不管是高盛、中金、麦肯锡，还是北大、清华、常春藤，又或是 Gucci（古驰）、Prada（普拉达）、Armani（阿玛尼），有两件事值得思考一下。

第一件事用来提醒自己：撕去这些标签，我们可能还未能为世界 500 强的客户们创造等同于我们年薪的价值，我们还未能用知识改变世界，以及还未能把某件名牌衣服穿出 5 位数价格的范儿。

第二件事用来看清自己：这的确是一个人人都用标签来识别对方的社会，但是我们要清楚我们的价值和身上的标签没有半毛钱关系。成功不是你有什么标签，而是你用这些标签做了什么。

第三，关于天才。

不要去考虑什么天赋异禀，一切都来自经历和渴望。

特别是这些年，当我认识了一些全中国、甚至全美国最"天才"的年轻人以后，才发现哪有什么天才，如果把他们的经历一一说出来，大家肯定觉得他们完全是一群苦 × 啊。他们有一个共同点，他们很清楚自己究竟需要什么，并且很嗨地追求着。

第四，关于时间。

时间是唯一的货币。你所拥有的财富很重要，你可以用它来换很多东西。你所拥有的时间更重要，你可以用它来换这世界上的任何东西，包括财富，包括成就感，包括幸福感，包括其他那些我们都清楚的，比财富更让我们的生命有价值的东西。

所以你要想清楚，你到底要用时间来换取这世上无限可能中的哪些。打开你的视野，你将发现有太多经历和体验可以让你去换取。

第五，关于经历。

经历的英文叫什么？如果你曾经玩过角色扮演类游戏（RPG），你会知道有一个概念叫EXP，全称叫experience，这就是经历的英文。人生就是一场巨大的RPG，你扮演你自己。你唯一升级的方法，就是不断地积累EXP。

我们都了解那些故事，都懂那些道理，看了那么多励志贴，我们甚至都快知道为什么乔布斯会成为乔布斯，但只有经历才能让我们真正把那些道理变成意识。那些改变我们一生的道理，不是别人教会的。

即使你有最完美的理论，却仍不大可能说服那些还没有开上保时捷的人们，让他们懂得保时捷不是他们想要的，也不大可能说服那些还没有在投行工作过的孩子，让他们去放弃投行（更何况，对于那些热爱金融的孩子来说，你的劝诫极有可能是错的）。

在人生的每个阶段，只有我们已经拥有的那些经历决定了我们下一步会怎么做。所以很多时候，你只要记得一件事，那就是：去体验不同的经历。

如何找到人生目标？我要说的这个方法在我认识的许多人身上成功过，但它不是我想出来的。知名博客写手 Steve Pavlina（史蒂夫·帕沃利亚）在它的博客中对这个方法有很详细的描述，但似乎也不是 Steve Pavlina 自己想出来的。网上有不少中文翻译版本，有可能你曾经看到过，但那些翻译都有失偏颇，让读者很难理解精髓。所以我在这里把原文重新编辑，结合以上的经验分享，再用比较适合中国人的陈述方式分享给大家。如果你愿意尝试，愿意按照要求去做，或许我们可以用接下来的不到 500 个字，帮助你在 20 分钟到一个小时的时间里找到你的人生目标。

第一，先在你忙碌的生活中找出一个小时的完全空闲的时间。关掉手机，关掉电脑，关上房门，保证这一个小时没有任何打扰。

第二，准备几张大的白纸和一支笔。

第三，在第一张白纸上的最上方中央，写下一句话："你这辈子活着是为了什么？"

第四，接下来你要做的，就是回答这个问题，把你脑中闪过的第一个想法马上写在第一行。任何想法都可以，而且可以只有几个字，比如"赚很多钱。"

第五，不断地重复第四步，直到你哭出来为止。尽管这个方法看上去很傻，但很有效。如果你想要找到人生目标，就必须先剔除脑中所有那些"伪装的答案"。通常需要 15~20 分钟去剔除那些覆盖在表面上的那些受到外界观念、主流思维影响而得出的答案。

所有的这些伪装的答案都来自你的大脑、你的思维和你的回忆，但真正的答案出现时，你会感觉到它来自你的内心最深处。

对于从来没有考虑过这类问题的人来说，可能会需要比较长的时间（一个小时或者更多）才能把脑子里面的那些杂物剔除掉。当你写到 50~100 条的时候，可能想要放弃，或者找个借口去做别的事。

因为你可能觉得这个方法没有任何效果，你的答案很杂乱，你也完全没有想哭的感觉。这很正常。不要放弃，坚持想和写下去，这个抵触的感觉会慢慢地过去的。记住，你坚持下去的决定会将这一个小时变成你人生最重要的一个小时。

当你写到第 100 个或者第 200 个答案的时候，你可能突然会有一阵内心情感上的涌动，但还不至于让你哭出来。这说明那还不是最终的答案，但是把这些答案圈起来，在你接下来写的过程中可以回顾这些答案，最终得出的结果可能会是几个答案的排列组合。但无论如何，最终的答案一定会让你流泪，让你情感上崩溃。

Steve Pavlina 在做这个练习的时候，花了 25 分钟在第 106 步找到了他的最终答案。而那些让他有一阵情感涌动的答案分别出现在第 17、39、53 步。他将这些答案抽出重新排列，最后在第 100 步到第 106 步答案得到了升华。想要放弃的感觉出现在第 55 到 60 步（想站起来做点其他事情，感觉极度没有耐心等）。写到第 80 步的时候，他休息了 2 分钟，闭上眼，放松大脑，然后重新整理自己的思绪。这么做很有效，在那 2 分钟的休息后，他的思路和答案变得更加清楚。

无论你愿意用什么方法，你最终的答案一定会是一个比较长的句子，或者几个句子的组合。这个答案在外人看来一定非常的空洞，就像是我前面所说的那种"谁都知道，但是只有少数人真正理解的大道理"，但是这几句空洞的句子会对你有非常丰富且有意义的含义——因为这是你自己用了至少一个小时的时间和精力去整理你过去所有的经历，去思考，去判断，去剔除，去整合，去沉淀，最终领悟出来的。如果你认真看完了从文章开始到这里为止所有的分析，你就会理解为什么这个方法是非常有效的。

最后，我想给所有已经、即将或者希望找到人生理想的人，和大家分享两个很平凡的故事，作为结束。

第一个故事来自我的一个导师，他是大学里对我最重要的两个导师之一，沃顿的一个明星教授，麻省理工本科，哈佛法学院毕业，50多岁，教了17年谈判学的课程。尽管他的课作业量很大，但每一年他的课都被几乎满分的学生评为沃顿所有课程的前三甲。

在我大学毕业前，我约他在费城附近的一个小镇吃了顿午饭。他跟我讲他年轻时候的故事的时候，我问他，他这辈子做出过的最让他后悔的决定是什么？

他说，他从小一直很想当老师，特别是小学老师。当他20多岁从麻省理工毕业的时候，他有一个很好的机会，去家里附近的一家他很喜欢的小学做老师。只是在美国，小学老师是一个待遇很低、不受尊重的职业。而与此同时，他拿到了哈佛法学院的 offer，随后去了哈佛法学院，这便是他这辈子做过最让他后悔的决定。他后悔，不仅仅因为他后来发现哈佛法学院是那么无聊而且钩心斗角，还因为他当时为了一个被社会所尊重、所仰慕的选择，放弃了一个被社会遗弃、看不起的选择。

他说他想当老师的想法从未改变过，所以从法学院毕业，又经过了多年的颠沛流离以后，他还是当了一名老师。当我和一些人说起这个故事的时候，他们的第一反应就是：这不是乱说吗？如果不是去了哈佛，他可能现在还只是个小学老师，根本不可能成为沃顿的教授啊。

可是，现实和理想的意义对于每一个人都是不同的，我们只需要理解并不是所有人都觉得成为名校的教授比当普通学校的小学老师更伟大、更幸福。

第二个故事开头，我想问一个问题：我们每天上校内、微博，看很多人都在分享各种励志、免俗、追求梦想的文章，但这些人最后究竟做什么去了？你可能以为他们马上回归现实去了，但其实他们是怀揣着那些道理，继续去做他们知道怎么做的事情。这就有了第二个故事。

每一个 20 岁左右的年轻人都像一台高速运行的电脑，一代比一代运转得更快。我们从懂事开始就有别人告诉我们要运行各种程序——上幼儿园，上小学，上初中，上高中，上大学，工作，等等。

我们停不下来。我们很难运行自己想要运行的程序，因为过去 20 年我们运行的所有程序都是别人编好给我们的——我们自己不会编程。

可如果有一天，有一台电脑突然下了决心，要运行自己的程序，它就必须首先停下来，这时，可能就会有电脑会嘲笑它怎么不动了，然后把它远远地甩在后面。而它则慢慢地开始学习自己编程。这个过程很漫长、很痛苦，因为从来没有人教过它。这就是为什么世界上只有少数人在运行自己的程序。

说这两个故事不是为了励志，而只是为了告诉大家如果今天或者明天你找到了人生目标，将会发生一些什么：

第一，即使你内心已经明确地知道你想要什么，依然会有一些更为社会认同的东西来诱惑你，要永远记得坚持。

第二，如果你坚持了，你一定会经历一个学习自己写程序的过程，这个过程会是痛苦并漫长的。总有一天我们会愿意去面对这个过程。好消息是，我们都还年轻，所以趁着现在还有那些热情和勇气，去撞一撞那些墙，用最少的代价。

愿你从这两个故事中找到了你想要的。

文 / 奶牛 Denny（刘丹尼）

行动——寻找改变你的核心力量

● 6 种全新的核心能力左右你的前程

大概一年前，我就读过丹尼尔·平克的《全新思维》这本书。这本书中提到了决胜未来的 6 项能力，分别为：设计感、故事力、交响力、共情力、娱乐感、意义感。

当时读完这本书之后，并没有什么特别的感觉，只是觉得这本书的观点很新颖。经过一年的沉淀和寻思，我开始慢慢发现这本书的巨大价值。每次认真观察和研究那些厉害的人物，在他们的身上或多或少都能找到这 6 项能力的影子。

于是，我又从书架上把这本书拿了出来，重新温习了一遍，并且按照"定义、重要性、提高方法"的体例对这 6 项能力做了详细的梳理，并且为提升每一项能力推荐了一本好书作为延伸阅读。

下面，就和大家共同分享这 6 项能力：

（1）设计感。

定义：千万不要认为，只有成为一名设计师之后才有资格去谈论设计感，对于普通人来说，很好的设计感就是指拥有较强的审美能力和对艺术的敏感性。

重要性：索尼前任总裁大贺典雄曾说过："我们认为竞争对手的产品在技术、价格、性能和特征上与索尼的产品相差无几。但是我们的产品与其他产品的最大不同就是——有设计感。"

想想看，大到买一辆新车，小到买一部手机，该款产品是否设计得足够漂亮往往是打动消费者的重要因素。有人预测，在未来社会当中，读 MFA（艺术硕士）的人会超过读 MBA（工商管理硕士）的人。

提高方法：我们可以通过多去博物馆、多去观看艺术展、多去欣赏美好事物、多读时尚杂志的方式来提升自己审美能力和设计感。

我的一名同事做 PPT 非常好看，配图非常讲究。每次看她的PPT，就像是在欣赏一件艺术品。有一次，我向她请教如何做出如此漂亮的 PPT 的秘诀。她的答案就是每次碰到好看的图片，她就会保存下来，然后，她会不停地研究如何才能把这些图案设计到自己的PPT 中。

　　我的另外一位朋友，最近一段时间穿衣品位明显提升很多，看起来非常的时尚和前卫。她告诉我，为了提高自己的服装品位，她已经坚持读了好长一段时间的《时尚》杂志。

　　最后，再给大家推荐一本可以提高设计感的书——《写给大家看的设计书》。这本书介绍了很多通用的设计原则，通俗易懂，值得一读。

　　（2）故事力。

　　定义：通过讲故事的方式来加深另外一方对某件事情或某条道理的理解。

　　重要性：美国心理学家罗杰·斯坎克曾经说过："人类生来不能很好地理解逻辑，但是却能很好地理解故事。"

　　想想看，的确是这个道理啊！之前自己在写订阅号文章的时候，很容易把文章写成小论文，讲得一口好道理，但是真的没有什么人愿意看啊，后来，我开始尝试慢慢地在文章中加入了更多的故事成分，阅读量和转发数也都要比以前提高了。

　　提高方法：首先是写自己的故事。每个人都有自己的故事，我们可以尝试把自己经历的事情给写下来。在整理思维的同时，还能促进对某些事情的深度思考，顺便悟出人生的一些经验和道理。

其次是听别人的故事。网络上有很多相关的资源，例如《TED演讲》《一席》《开讲啦》等这些节目，多听自然可以收获很多的故事。通过借鉴和模仿，就可以提高自己的故事力。

最后，可以读一下经典名著——《故事会》。

（3）交响力。

定义：交响力就是指能够把很多不同独立的要素组合在一起的能力。就像是交响乐中的指挥家，能够把不同的乐器和演出人员组合在一起，从而演奏出美妙乐曲。

为了便于理解，我们也可以把此项能力理解为跨界的能力。

重要性："精通某一领域已不再是成功的保证了。今天，能取得最大回报的，是那些在迥然不同领域也能游刃有余的人。"

提高方法：多去涉猎不同专业的书籍。每读一本不同专业领域的书籍，就会打开另外一扇看待这个世界的窗户。

有一次出去和某个公司的主管谈课程合作，他们想引进一套积极心理学的课程。开始的时候，就我一个人在那儿夸夸其谈，不停地讲着各种心理学的知识。

无意间，我提到了彼得·德鲁克，开始谈之前自己读到的一些管理学书籍。没想到，对方也很喜欢读彼得·德鲁克的书，我们很快就找到了共同语言，后来合作得也很顺利。

另外，就是要尝试在专业领域之外，学习一到两门不同的专业技能，获得跨界的资本。如果你是一名在校大学生，你也可以尝试去修一个双学位，学习一门不同的专业。

最后，推荐给大家一本书——《不能只打一份工》。

（4）共情力。

定义：能够站在对方的立场上考虑问题的能力，说得再细一点，就是能够设身处地地理解对方，并且能够深入对方内心去体会对方情绪或感受的能力。

注意，共情不是同情，不是可怜对方的不幸，而是与对方产生共鸣。

重要性：缺少共情能力的人，是没有办法处理好人际关系的。因为在与人沟通的过程中，不懂得共情的人只会将注意力集中在自己的身上，一个人在那儿滔滔不绝，而完全忽略对方的真实存在。要知道，没有人愿意和一个太过自我的人交朋友。

　　提高方法：首先是破除自恋的状态，一个自恋的人是不愿意拿出任何一点多余的精力去关注别人的。

　　其次是要尝试着对别人感兴趣。想想看，每个人都有自己不一样的经历和独特的故事。试着把交谈当成是去探寻某个人背后故事的过程，交谈就变成了一件很有趣的事情。

　　最后，尝试学习一些沟通和共情的技巧，例如倾听等。推荐阅读《人性的弱点》这本书，里面有很多实用的技巧。

　　（5）娱乐感。

　　定义：所谓娱乐感，就是指一个人是否具有玩乐的能力。有娱乐感的人会把生活当成是一种冒险，他们会随时想尽方法把自己给逗笑，并且把快乐传递给其他人。没有娱乐感的人则会墨守成规，他们的生活会显得毫无生机。

　　重要性：具有娱乐感的人将会是一个非常有趣的人，没有娱乐感的人则是一个十分无趣的人。千万不要把娱乐感和工作给对立起来，认为这两者水火不容。其实，这两者是可以相互促进的。如果一个人不具备玩乐的能力，往往也没有什么创造力，而一个会玩乐的人，往往工作的效率更高。

美国的一项研究发现："同不玩游戏的医生相比，每周至少玩 3 个小时游戏的医生做腹腔镜手术的出错率要低 37%，而且速度要快 27%。"

提高方法：首先，不要把提升娱乐感当成是一件浪费时间的事情。

其次，玩乐是一项能力，应该花一点时间去培养。我们可以多花点时间去培养自己的兴趣和爱好，无论是绘画、玩单反，还是去学弹吉他等。总之，要花点时间让自己变成一个更加有趣的人。

最后，推荐给大家一本书，《玩出好人生》，这本书系统讲解了玩乐的好处，读完一定会让你脑洞大开。

（6）意义感。

定义：What are you fighting for？（你为什么而奋斗？）拥有意义感的人，会为自己的生命赋予特别的意义，并且会为了这个特别的意义而不停地去奋斗。

重要性：尼采曾经说过："知道为了什么而活着的人，什么样的生活都能够忍受。"

提高方法：首先，发现平凡工作中的价值。我的工作，每天都会和学生打交道，你可以把我看成是"孩子王"，但我把自己看成是"积极心理学"的传道者。

　　每次和学生交谈，每次给学生上课，我都努力将积极的心态传达给学生。我甚至想要在自己的墓志铭上，只写下这样一行字："这是一个帮助很多人变得更加幸福的人。"

　　其次，要善于发现挫折、失败、苦难中的成长意义，如果能够看透这一点，就不会轻易被苦难给打倒了。

　　最后，推荐大家去读一下维克多·弗兰克写的《活出生命的意义》这本书。在我读过的大多数探讨人生意义方面的书中，几乎都提到或引用了这本书，作者用自己的亲身经历诠释了找到人生意义的重要性，绝对值得一读。

文 / 小宋老师

● 这 3 个技巧，
帮你节省 50% 的工作和学习时间

我们总说："忙忙忙忙……"其实只是我们不懂得正确利用时间而已。

熟悉我的人会知道，我先后做过公关、广告、互联网。这几个行业，全都是以忙著称的。

忙到什么程度呢？

打开三四十个标签页，在五六个文档之间切换，吃午饭时也要对着电脑，一天下来才发现自己一杯水都没喝，都是家常便饭。

在这种环境下，像我这么懒的人，当然会想各种办法来节省时间。今天要分享的，就是从实战中总结出来的能切实可行的节省工作和学习时间的一些小窍门。

第一，建立专属信息库。

我敢保证，你每天的日常工作和学习当中，一定有许多时间，浪费在来回搜寻信息上面。

什么信息呢？比如 QQ 里和同事的某段对话、微信里面领导的一段要求、邮件里面的一段文字、藏在多层路径下面的某个文件……它们总是在你最紧急、最需要的时候藏起来，让你花一番力气去找，不但浪费时间，也常常影响心情。

如果你经常有这样的困扰，那可以试试这个方法——建立一个专属的信息库。

无论是聊天记录、邮件内容，还是工作安排、项目反馈，抑或是突然产生的灵感，或者从网上看到的有价值的案例、知识，都可以往里面一丢，需要的时候，打开它，直接查找即可。

● 用笔记软件来建立信息库。

我的建议是利用 OneNote[①]或者印象笔记。当然，为知笔记、有道云笔记之类，也是可以的。

在笔记软件里，按照你负责的项目，新建一个笔记本。

然后，所有跟这个项目相关的一切信息，都可以放进这个笔记本，

---

① OneNote，是一套用于自由形式的信息获取以及多用户协作工具。OneNote 最常用于笔记本电脑或台式电脑，但这套软件更适合用于支持手写笔操作的平板电脑，在这类设备上可使用触笔、声音或视频创建笔记。

再起一个易于辨认的名字即可。

比如，你和同事讨论一个原型。他提了很多有意思的看法，聊完之后，为了避免忘记，你就可以直接把聊天记录复制出来，在笔记本里新建一页笔记，命名为"06.19 与 ××× 关于 ×× 原型第 2 版的讨论"即可。

如果你是一名文案策划员。那么可以直接新建一页笔记，把平时在网上搜集到的案例放进去，再写上来源和自己的想法。当你没有灵感的时候，打开看看，立刻可以为你提供大量的创意参考。

另外，你还可以把所有的工作流程、规范，甚至是生活的备忘录都放进去。比如"5 号电池在门口第二个柜子里""充电器在卧室书架下面的箱子里""身份证在衣柜下面的抽屉第二层"……平时或许感觉不到，但在急需的时候，绝对可以为你节省大量的时间和精力。

●坚持平时的积累和记录。

建立信息库，最好是设置为开机启动，配合相应的插件和快速启动方式，比如印象笔记的"剪藏"，OneNote 的"新建快速笔记"，务求第一时间将信息记录入笔记中。

为什么要汇总一个唯一的入口呢？

因为这样不但可以减少记忆的难度，节省我们的认知和记忆资源，而且可以使工作和学习变得简洁高效。

当你再也不用把精力花在记忆上，你知道只要打开这本笔记本，就可以找到一切需要的内容时，你就可以更专注于手头的事务上面。

第二，减少对工作的打断。

很多人为了节省时间，都会让自己进行"多任务工作"。

比如像前文所说，同时开着一大堆网页，这里看一会儿，那里看一会儿，做一下PPT，做一下Excel（试算表软件），以此来降低"我还有一项任务没有开工"的焦虑感，让自己沉浸在"所有任务都在同步进行"的美好感觉之中。

但是，这恰恰是最浪费时间、最没有效率的表现。

记住一个最基本的原则：人类的大脑是没法进行"多线程处理"的。人同一时间只能聚焦在一件事情上面。

所谓的"多任务工作"并不是真的同时进行，而是大脑不断地在这些不同的事务之间打断和切换而已。

也就是说，当你以为"同时处理两项任务"时，实际上，你的大脑是这样运作的：进入 A 的工作状态——退出 A 的工作状态——进入 B 的工作状态——退出 B 的工作状态……循环往复。只是切换的时间太短，我们很难觉察到而已。

比如，你写一篇文章，先在脑子里构思出几个要点，这时，一个新闻弹窗吸引了你，你点击打开，看完一篇新闻，再回过头思考刚才的文章，你还能立刻回忆起刚才构思的结果吗？

恐怕不是那么简单了，因为它已经被我们从"工作记忆"中清除了出去，腾出空间来接受和处理新的信息，你需要一段时间才能重新把它找回来。

我们被反复打断的这些时间累积起来，总量是相当可观的。

所以，工作时，请专注在你手头上正在处理的事情，至少保证半个小时以内不要打断，不要同时处理任何其他的事情。

如果有任何突发性的事务，比如要交一个报表，要回复一个邮件，回应一个同事……先用便笺纸记下来，也不要超过 10 秒钟，更不要打断工作。直到原来的任务告一段落，或者你感到疲倦了，再休息，按照便笺纸上面的内容去逐项处理。

如果一定非打断不可，比如突然有个会议要开，那就拿上便笺纸，先把刚才的工作进度和正在思考的内容，用关键词的形式迅速记下来，自己能看懂即可。当回到原先工作的时候，这可以大大减少你进入状态的时间。

第三，化整为零。

生活中的碎片时间，比如乘车、等电梯、吃饭、步行等等，这些时间，大家是怎么利用的？

我想，很多人都会选择读书、看公众号，或者听讲座、公开课。这很对，当然也比发呆，什么也不干要好得多。

但是，这仍然不是最好的利用方式。为什么呢？因为绝大多数有价值的知识，并不是你在碎片时间里可以掌握的。

它们往往很复杂，有着严格的推理过程和思考逻辑，你要完全代入作者的语境里面，跟着他的思路，分析他的论证过程，记住他的结论。这个过程，很多时候都没法在碎片时间里完成，它往往需要一整段的大块时间。

在碎片时间里，你能学习到的，只是一些简单的结论而已。

它们除了增加一些谈资之外，并没有太大的价值，甚至还不一定是全面、严谨、正确的。

那么，对于碎片时间，最好的利用方式是什么呢？不是学习和吸收，而是思考。

一个行之有效的方法，是把工作、学习中遇到的问题，分解成一个个更小的问题，然后把它们列成清单，随身携带，利用碎片时间，进行思考和推导。

在这个过程中，取得的任何进展和反馈，都记下来，便于下一次继续进行思考。

比如，做一个 PPT，你就可能会列出这些问题：

——整个 PPT 的逻辑要怎么呈现？

——每一部分分别用多少页来讲？

——背景分析需要考虑哪些因素？

——市场分析要怎么写？

——目标消费者具有怎样的特点？

……

把这些问题做成清单，只要有空，就拿出来思考，再及时把思考结果记下来，而不是等坐到办公桌前才去思考。

这就是把工作化整为零、逐步攻克的最好方式，也是最能节省时间的方式。

生活中很多看起来很聪明的人，其实并不是真的比我们聪明多少，而是因为他们在生活中的每一秒，在别人发呆、放空、浑浑噩噩的时候，都时刻在脑中对各种情形进行思考、推演、分析，对各种路径和结果早已烂熟于心。

所以，当他们需要的时候，就能够非常快速地对各种情况进行判断，做出最佳的决策。

文 /L 先生

● 工匠思维成就一个真正出色的你

　　这篇文章从一个经常会遇到的问题开始聊起："你有什么能力？"

　　面对这样一个问题，你会怎么回答？

　　我听过不少类似这样的答案：

　　"我能吃苦。"

　　"我学习能力强。"

　　"我很敬业。"

　　……

　　这是能力吗？　sorry（抱歉），不是。以上这些回答，本质上是品质、精神、态度，称不上是一种能力。

　　一般来说，能力是要落地的，是要结合某种工具的，品质、精神、态度，只有依托于你掌握的某一样工具的时候才能给你加分。换句话说，你得首先有能够创造价值的手艺活儿，然后再利用精神、品质、态度来打造你的差异化。没有工具作为前提，这些描述就显得比较虚。

什么是工具？工具是为达到、完成或促进某一事物的手段。比如微信，它就是一种工具，有的人用来社交，有的人用来营销，有的像老秦这样跟大学生交流，是因人而异。再比如你掌握了一门外语，比如老秦懂PPT、PS（图形处理软件）等软件，这些其实都是工具。

工具其实比较普遍，比如可能很多人都会一点英语，但只有一部分人能阅读英文报纸，更少一部分人才能当上同声传译；比如说你玩微博只能发自拍照片，但有的人可以用微博做营销，差别在哪里，就在于你有没有钻研的精神把这门手艺做精做深，有没有投入足够多的时间和精力做到足够专业的一个级别。

迷茫经常来自能力和欲望的不匹配，不要总是四处问"我该怎么办""我该从何做起""我该做点什么"这样的问题了，要解决这种迷茫，努力的方向有两个：

第一，你要掌握什么工具，这个工具不一定非得高大上，但只要有其用处，就自有其需求。

第二，你有没有愿意花时间精力把自己的工具做到足够专业的一种精神，或者说是把一件事做到极致的匠人精神。

能够将工具和专业精神都做得优秀的人，才能称为手艺人。

娴于一技，是为手艺人。

"技"是工具，"娴"是精神态度而练成。

说到手艺人，李宗盛这段《致匠心》虽说是广告，但其中的话语词句还是很耐人寻味，让很多人因为那份珍贵的品质、因为专注于技艺而从容安定的内心状态所感动。

人生很多事急不得，你得等它自己熟。

我二十出头入行，30年写了不到300首歌，当然算是量少的。

我想一个人有多少天分，跟出什么样的作品，并无太大的关联。

天分我还是有的，我有能耐住性子的天分。

人不能孤独地活着，之所以有作品，是为了沟通。

透过作品去告诉人家：心里的想法、眼中看世界的样子、所在意的、所珍惜的。

所以，作品就是自己。

所有精工制作的物件，最珍贵、最不能替代的，就只有一个字——"人"。

人有情怀、有信念、有态度。

所以，没有理所当然。就是要在各种变数、可能之中，仍然做到最好。

世界再嘈杂，匠人的内心，绝对必须是安静、安定的。

面对大自然赠予的素材，我得先成就它，它才有可能成就我。

我知道手艺人往往意味着固执、缓慢、少量、劳作。

但是，这些背后所隐含的是专注、技艺、对完美的追求。

所以我们宁愿这样，也必须这样，也一直这样。

为什么？我们要保留我们最珍贵的、最引以为傲的。

一辈子总是还得让一些善意执念推着往前，

我们因此能愿意去听从内心的安排。

专注做点东西，至少对得起光阴、岁月。其他的就留给时间去说吧。

每件事未必一定有意义，但总有热爱它的人去赋予其生命——或许这就是执着于本心、顺信仰而前行的手艺人之心吧。

冯骥才先生在《俗世奇人》中说得好，各行各业，皆有几个本领齐天的活神仙，刻砖刘、泥人张、风筝魏、机器王、刷子李等，手艺精湛，鼎鼎有名，时间久了姓和拿手行当连在一起称呼，名字反而没人知道了，就这一个绰号，在码头街巷那是响当当的。想要如此响当当可不容易，因为手艺人靠的是手，手上就得有绝活儿。有绝活的，吃荤，亮堂，站在大街中央；没能耐的，吃素，发蔫，靠边站，这一套可不是谁家定的，是一种地地道道的活法。

很多人抱怨现在工作不稳定，动不动就被辞退，一点没有安全感。其实所有的机构都靠不住，因为平台可能会抛弃你，可能会衰落，可能会消失……你自己将所有的生存都寄托于某平台，就永远不会获得充分的安全感，所以"没有安全感"这个症结最好的解决方案就是，不要轻易把安全感寄托在某一个人或某一件事物上，只有自己给自己的安全感最可靠，只有行动才会让你更踏实，只有内心强大才不会惧怕任何形式的抛弃。别人给的，是人情和依赖；自强独立的，才是安全感。

所以靠机构吃饭，是为别人工作，给你发工资，你就得乖乖听话，不慎犯错误，被客户骂完回去继续被领导骂。什么？不想熬夜加班？不服气奖金发得少？那你收拾东西走人吧。这不是屈服，是现实，这叫跪着挣钱。

而手艺人呢？手艺长在自己的手上，我可以在这里生存，也可以在那里潇洒，可以为你服务，也可以跟他人合作。靠手艺吃饭，是为自己工作，不必受制于谁，自己为自己负责，只需打磨自己，只用做好分内之事，无须讨好，无须谄媚，无须看人脸色。碰上不对路的主儿，得嘞，恕不伺候，这不是傲娇，这是底气，这才是站着挣钱。

你想想曾经的战争年代，哪有什么可依托的平台，哪有什么充分的安全感，哪有什么稳定的生活，留给世人的只有动荡不安。可是颠沛流离又怎样，手艺人走哪儿活哪儿，他们把随心刻成了匠心，在骨头和指节间安身立命。

所谓"一技在身，能抵千金"，就是这个道理。手艺人靠手吃饭，求谁？怵谁？这，就是手艺人的底气。

当然了，我在这里强调的是手艺的重要性，而不是鼓吹大家都放弃机构工作去做个体户，不是强调你要"走"，而是强调你要"有"。

第一，手艺是一种底气。

手艺在手上，哪里都能吃饭，不论是在机构还是自由个体。上班不爽，没有手艺的你为什么不敢辞职？因为你今天辞了明天就得担忧生计，有手艺的人今天辞职，明天在家里就可以个人接单，绝对饿不死。

我记得我的第一份工作，实习期一个月 1800 元，在北京根本活不下去，在这种情况下，有的人离开北京，有的人继续海投简历，有的人问家里要钱或借钱……但是 PPT 是我的手艺，我下班后在家里帮别人做个 PPT 作为额外收入，度过了那段最艰难的日子，没这份手艺带来的底气，我估计也逃离那家公司了。

第二，手艺是一种自制。

什么活儿能接什么活儿不能接，质量到了什么地步可以交给客户，出了错怎么办……没有领导给你指导给你分担，都得你个人承担和把关，这对于一个人的综合素质其实提出了更高的要求，所以，不是每个人都能做一个好的手艺人。

第三，手艺是一种精神。

或者就说是匠人精神吧，如果你做任何一个活儿都能像手艺人那样细致、精致，而不是被逼迫做任务，那么不论你在哪里，都能得到足够的尊重，但是大多数人对于分内工作的态度都是给主管交差，怎么可能做出彩来？

每个手艺人作为单个个体的力量可能确实有限，但集合起来的能量还是摧枯拉朽的，尤其是互联网时代的到来，不但让那些有独门手艺的人有了更多的展示机会，还让不同空间的个体在同一时间会聚成为现实。

所以，少抱怨社会，少读成功学，多花点时间学点落地的东西、练精一门手艺才是正道。手艺人靠的是手，手上就得有绝活儿。很多人总说铁饭碗好，那你说什么是铁饭碗？所谓铁饭碗，不是在一个地方吃一辈子饭，而是你手上的绝活儿能让你到哪里都有饭吃，你的手艺，就是铁饭碗。

接下来，下面的问题就来了：

第一问："老秦，你觉得我应该学习什么手艺？"

首先请你要明白，这门手艺是需要你自己结合你的专业、兴趣、环境、天赋、需求甚至运气等因素去定位的，是在不断尝试中发现的，而不是别人说学啥就学啥，你必须承认有些东西这辈子都不是你的菜。

你觉得对于 PPT 这些工具的学习我刚上大学的时候能规划出来吗？我是从一个小县城考到西安的学子，对于电脑操作，我就会开关机；对于 PPT，我还在问幻灯片、PowerPoint 和 PPT 的区别；对于 PS，只听说过能把我的头换到施瓦辛格的身体上。新媒体？拜托，那个时候别说微博还不流行，QQ 我才刚刚申请到。这样见识水平的一个人，能够定下自己未来要做 PPT 达人、PS 高手、新媒体讲师的目标吗？当然不可能。

要不是当初我参加了那个职业生涯规划大赛，由于要答辩才接触了 PPT，我真有可能这辈子都不会和 PPT 打交道，所以你我都一样，需要的是尝试，是在各种行动中去发现。

成长，是尝试出来的，青年就应该在尝试中去探索自己更多的可能性。上帝不需要你一下子成功，但他需要你保持尝试，生命不是用来等待的，而是用来尝试的，等待的生命就是等待死亡。

第二问："我也折腾了很久了，就是没有发现自己的专长，你觉得什么手艺最好？"

如果第一条你确实没有发现，那请先别着急扔掉你自己的专业，你的专业里一定会涉及工具的学习。

任何一个时期都没有所谓最好的专业，秋叶大叔说得好：

"20 世纪 60 年代，你学哪个专业都不如去种田，那时贫下中农才是根红苗正；

"放你在 20 世纪 70 年代，你学哪个专业都不如去当兵，那时是解放军最亲；

"放你在 20 世纪 80 年代，你学哪个专业都不如去做工人，那时叫铁饭碗；

"放你在 20 世纪 90 年代，流行的是一个词叫'下海'。没错，下海的人很多人都是今天你们哭着喊着要抢的公务员岗位上的人。

"在中国研究哪个专业好不好，不如好好思考每一次大的经济和政治格局变动下带来的宏观经济变化，这种导向变化才会导致 10 年内的行业发展机会。找对了行业，管你是什么专业，都能找到发展机会。"

比如如果你相信电子商务会全面普及，那么物流行业大发展是必然的；你是学数学的，就应该提前储备物流运输算法的知识；你是学 IT 的，就应该提前储备物流管理信息系统的知识；你是学金融的，就应该提前储备物流担保金融的知识；你是学财会的，就应该提前储备物流行业应收应付款的流程；你是学机械、电子、电气的，就应该留心物流行业运输设备的变化；你是学 HR（人力资源）的，就应该留意物流行业对紧急人才的招聘条件和挖人模式；你是学营销的，你就应该关注不同物流行业推广业务的手法……

所以，笨蛋才问自己的专业好不好，聪明人只关心自己的专业在未来的行业发展趋势里有没有机会。

第三问："那我找到了学习方向，手艺掌握到什么程度才能挣钱呢？"

其实这也是我最担心的一件事，就是很多同学的功利心。比如有一次遇到一个学员，全部的课程还没学完呢就追问我："秦老师，你是通过什么渠道接 PPT 美化的活儿的？你怎么收费的？能不能帮我介绍几个活儿？"

我建议他先好好学习课程，打好基础和专业性，别急着想挣钱，因为挣钱不是这个阶段该想的事情。他却回了一句："不能挣钱我干吗学它？"

大家想想，一开始老秦我是先免费帮人改 PPT，后来改得多了，技术不错，"老秦是 PPT 高手"这样的说法传开了，才慢慢开始收费，慢慢开始增加费用的。这是一个循序渐进的过程，要是一开始我不是免费帮人改 PPT 而是直接收费，还以专业人士的标准收，肯定会被人认为我疯了或傻了，更别提有后来的诸多进展了。

在没有展现一流的专业功底之前，你是没有资格要价的，谨记：先做一流的人，再拿一流的回报。

文 / 老秦

● 不懂构建知识体系，你迟早被信息洪水淹死

大部分人可能从来没有总结梳理过自己的知识和经验，但往往在实际做事情的过程中都遵循一套科学的方法和逻辑。

在现实生活中我们经常会遇见这样的人，他们对某个专业和领域有着很深的洞见，看问题准，见解独特，但当你问他是怎么做到的时，他又说不出个所以然来。

才能有两类：街头智慧和科学方法。我发现现实生活中牛 × 的人也分两类：

一类是没看过多少书，也没上过多少学，却能把一件事或一个企业经营得很好，你问他是怎么做到的，他们一般没办法说出来个一二三，只能大致告诉你一些做事或做人的心得。

很多小学没毕业经商却很厉害的企业家，或者街头和民间艺人都属于这类，这类人一般不见得多聪明，但悟性一定很高，虽然他

们没办法总结出做成一件事的科学方法，但其做事的逻辑却一定遵循着科学规律。

很多老板事业成功后去上中欧、长江商学院的 MBA 课，都会有豁然开朗的感觉就是这个原因。

另一类是接受过高等教育，做事情拥有一套完整科学方法的人，你问他是怎么做出来的，他能给你逐一剖析，一二三步骤是什么，系统而缜密。

比如果壳网的创始人姬十三就是这么个奇葩，他是生物学博士，2010 年做果壳网之前一直都待在学校的生物实验室里做实验，没有过任何的社会工作经验，但他却从科学实验中总结出一套创业的方法，而且做得还不错。从最初的果壳网，又孵化出了"慕课""在行"，包括最近特别火、估值过亿美金的"分答"。

认知事物和思考有两个基本的逻辑法则：归纳法和演绎法。归纳法是从个别到一般，演绎法是从一般到个别。

●归纳法。

条件：

我养的一条狗甲喜欢吃鱼。

邻居家的一条狗乙喜欢吃鱼。

狗丙喜欢吃鱼。

狗丁喜欢吃鱼。

……

结论：

狗喜欢吃鱼。

●演绎法。

条件：

狗喜欢吃鱼。

我家养的阿黄是一条狗。

结论：

阿黄喜欢吃鱼。

我们会从过往实践经历中归纳经验和知识，还会基于一些知识理论指导演绎其他事物的发展，在这个过程中知识是在不断变化的，但认知知识的方法是相对稳定的，也就是元认知——人对自己的认知过程的认知。

●元认知。

知识从广义上来讲可以分为 5 类：数据、信息、知识、才能和智慧。数据经过整理变成信息，信息能解决某个问题就是知识，知识通过反复实践形成才能，才能融会贯通就是智慧。才能和智慧就属于元认知的范畴。

从知识到知识体系的构建就是元认知的构建。

举个例子：

不少传统做品牌文案的从业者大多是凭感觉，很多广告人写文案，想创意还要对环境和心情提出要求，不然就没灵感，这很扯淡。

后来李叫兽出现了，告诉大家写文案也有科学方法，只要掌握了科学的营销方法，写文案就像做数学题一样套用公式就可以推导出来，于是传统广告人懵逼了。

●努力奋斗的意义。

天才是 1% 的灵感，99% 的汗水，但 1% 的灵感最重要。

这句话的后半句爱迪生到底有没有说过暂且不去追究，但这后半句话强调了天分、灵感，也就是不可控因素的重要性。

现实生活中你会发现，很多成功的人经常说自己取得成就的原因中有 99% 是靠运气，可运气这东西也是不可控的，那努力奋斗的意义又何在?

人天生拥有掌控自己命运的自我意识，这是人区别于其他物种的根本，所以即使能改变的只有 1%，我们也不应该停止非运气、天分因素的学习和努力。任何学习都是在增强人的可控能力。

篮球场上突然上场一个看架势就是球场老手的人，他变向、突破、上篮，行云流水一般……可惜球没进。后来，他拿到球后辗转腾挪，迅速晃开防守队员，然后急停跳投，投篮动作干净利落，底下的观众都快要鼓掌沸腾了……可是球还是没进。

奇怪的是，尽管他 2 次都没有进球，但这 2 次进攻我们已经能够断定：他打篮球极其厉害，进球只是早晚的事。

有的人连续 2 次失手，仍然赢得一个"高手"的评价。有的人连进四五球，大家却觉得"这家伙是运气太好"。

问题出在哪儿呢?

在于他稳定，即可控。他运球、突破、投篮的姿势非常稳定，无论你怎么防守，他的出手节奏、角度、动作都不会有太大的变形，他能够控制自己和球的节奏。

那些投篮很准但不厉害的人，每次投篮的动作都不一样，会让人觉得他的每一次投篮投中都是因为运气好。

同样的场景让我想到《奇葩说》第 3 季姜思达和黄执中的总决赛。你会发现姜思达之前在这季中有很多出彩的地方，这也是他最终能获得队友认可、代表大紧队出战决赛的原因，可是到了总决赛他紧张了，讲得很烂。

对手黄执中只是稳定地发挥了平时正常水平，便轻易取得了胜利。对比两个人的经历你会发现，姜思达是业余辩手，黄执中是专业辩手，相比姜思达，黄执中更能在总决赛的条件下稳定地输出辩论。

所以，**评判一个人是否厉害，判断标准便是——在任何条件下都能保持稳定的输出。**

为什么要构建知识体系？我们都想成为厉害的人。怎么成为厉害的人？厉害的人就是在任何条件下都能保持稳定质量的输出。所以，构建知识体系是为了稳定高效地解决问题。

如何构建自己的知识体系？

这是一个很大的话题，"知乎"和"分答"上不少人都提问过这个问题，可见也是一个相对比较普遍的话题。总结下来大概有 6

个步骤：目标、获取、提炼、输出、聚合、扩充。

（1）目标：知识架构是达成目标的一种路径。

获取知识一定是为了解决某一个问题，或者是满足某方面的好奇心。解决问题就是在树立目标，抛开目标谈构建知识体系是一个伪命题。

我们太希望找到一套速成的标准答案了，这是在中国体制教育下长期驯化出来的思维惯性，可你不可能通过构建一套知识体系去打败生活、工作中的所有问题，所以知识体系的构建一定是目标导向的。

先有人生规划，再有清晰的目标，为了实现目标，就需要搭建相应的知识架构，所以知识架构是达成目标的一种途径。

为了实现目标，需要掌握哪些知识和技能，进军哪些专业领域，在这些专业领域里，怎么分门别类地学习，纳入到自己的知识体系中来。怎么获取知识，怎么吸收知识，怎么吸收，怎么输出，一切围绕着目标就会非常清晰，避免做无用功。

（2）获取：上网搜、找人问、翻书看、自己做。

目标确立后，下一步就是如何快速地获取知识。

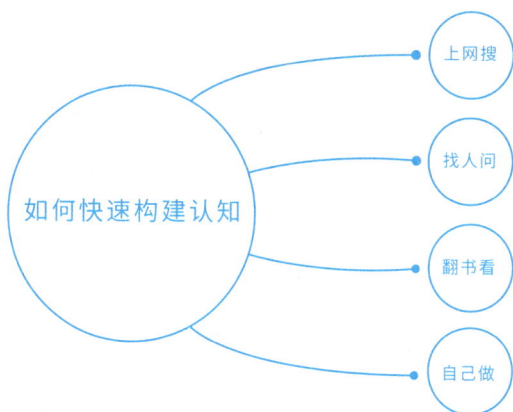

●上网搜。

"百度一下，你就知道"，百度绝对是现在年轻人学习的第一老师，尤其是"95后""00后"，这是他们遇到问题的第一反应。上网搜可以无限浏览海量信息，可以让你快速对一个问题有一个宏观的认知，方便你对接下来的深度了解做决策和参考。

需要强调的是，你要熟悉每个搜索引擎以及各个门户网站的属性，这样搜索起来更高效，比如有些深度的话题问答你可以在"知乎"上搜，微信上的文章你要用"搜狗"，豆瓣上的书评、影评比电商网站上更有参考价值等。

●找人问。

有了宏观的认知后，接下来就是找专业的牛人求教，这是构建认知最快的方法。如果你身边朋友圈没有这样的人，你可以在牛人的微博等社交工具上勾搭，一般你做过功课提出的问题都是能得到牛人的回应的。

如果还不行，你可以在"在行"上花钱约，或者在"知乎""分答"上提问，以后这类付费知识问答经验分享的平台会越来越多，上面的牛人领域也涉及较广，门槛越来越低。

●翻书看。

书是死去的人，或者是以你现有资源接触不到的人所写，读书就是在和牛人交流。书的知识一般比较系统，思考性强，可以系统地了解某个东西，可以快速浏览，也可以精读，甚至反复读，这个要根据不同的问题和书籍来定，有时也没必要非得把一本书读完，把书中提到的你想了解的相关问题读完就够了。

我有时针对某个问题，就会一下买五六本甚至十几本市面上和这个话题相关的书，基本上能涵盖这个领域所有的问题，然后根据问题去找对应的案例和方法论。

●自己做。

没有适用所有场景的知识，也没有能解决所有问题的方法论，认清两者间的差异尤为重要，而只有自己做你才能发现这点。很多知识看似通用，实则不然，很多方法和答案是在做的过程中自己悟出来的。实践是更深层次的认识与理解，也是对知识的最大尊重。

（3）提炼：剔除无用、理清逻辑、知识模块化。

●剔除无用。

我们每次搬进新家前屋子里都是干净简洁的，不到一个月你就会发现房间里已经有了大量的闲置物品或衣服，并且开始在房间里找不到自己的东西了，等到你再搬家时，才发现自己的东西怎么这么多。

我们的大脑就是一个每天通过手机、电脑、交谈、分享接收各种信息和知识的房间，如果房间内的知识不及时删除整理，排除扔掉一些东西，长时间下来，大脑就会一团糟，即使是你学过的知识，遇到问题时你也会记不起来。

我们每天看微信刷朋友圈，接收的许多信息都是无用的，高效人士会有意地屏蔽一些信息，而且一般牛人大脑过滤、筛选信息的能力要比其他人强。一场演讲，嘉宾演讲了2个小时，真正有用的就几点，所以需要对知识进行删减和提炼。

删减提炼的目的有两个：一是找到重点，二是便于记忆。你只有记住了重点，下次遇见同样的问题时才能帮助到你。爱因斯坦说，教育就是把学到的东西忘记后剩下来的东西。

●理清逻辑。

同样的，为什么笔记侠能将一位嘉宾的演讲整理得比较好，甚至嘉宾自己都觉得笔记侠整理的东西比他讲得还要好，除了删除一些语气词和偏离演讲主题的一些话题外，笔记侠对嘉宾演讲内容的逻辑关系做了梳理，将主次做了划分和标记，这样看起来一目了然，重点不言而喻。

●知识模块化。

乐搏资本创始合伙人杨宁在一次内部分享中，分享了自己的一套处世哲学——玩套路，他用同样的一种套路轻松处理了很多问题，包括自己投资的两个获得巨大成功的项目案例，用的都是同一种套路。这个套路其实就是模块化的知识。

我们生活中会遭遇问题 1、问题 2、问题 3、问题 N，大部分人

会针对每一个问题给出一个解决方案，其实有时可能问题 1、问题 2、
问题 3 都在一个知识体系中，只要找到底层理论，就可以把所有现
象层面的问题解决掉。

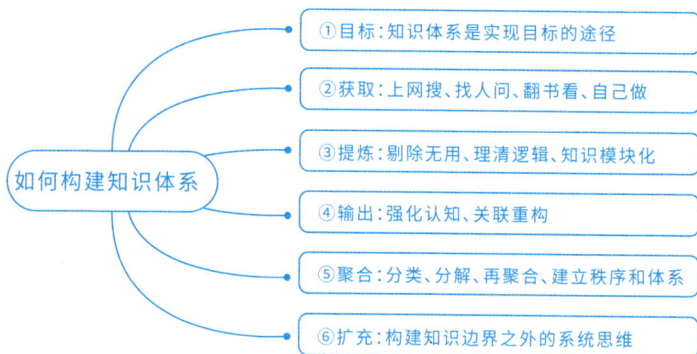

- ①目标：知识体系是实现目标的途径
- ②获取：上网搜、找人问、翻书看、自己做
- ③提炼：剔除无用、理清逻辑、知识模块化
- ④输出：强化认知、关联重构
- ⑤聚合：分类、分解、再聚合、建立秩序和体系
- ⑥扩充：构建知识边界之外的系统思维

如何构建知识体系

所以要对知识进行模块化，最好的方式是用思维导图把这些底
层理论或方法论整理出来，形成一个又一个的知识模块，这样面对
类似现象层面的问题时就完全可以把对应知识模块搬出来解决，面
对复杂问题时就用多个知识模块。

（4）输出：强化认知、关联重构。

●强化认知。

输出的过程是实践的过程，是把别人的知识变成自己的知识的过程，是知识从理论到实践的过程。你不大可能从思维中养成一种实践习惯，而只能从不断实践中养成一种思维模式。知识也一样，必须要输出才行，也就是分享、交流和实践，不然就是死知识，是没有任何用处的。

比如记笔记、写文章、做产品、做分享、交流、实践等都是输出，能强化原来的知识模块，在输出的过程中，还会有很多人来提问或者交流，这也是对原有知识模块的一种重新思考和检验。

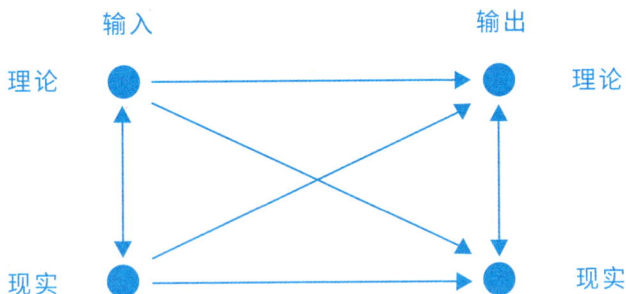

中国的大学教育之所以和职场脱节，在于它是一种"从理论出

发又到理论为止"的游乐场模式。游乐场模式的本质是由一些既定的游玩项目，每个项目包括确定的起点、路径、终点、时程等构成，在游乐场中，游戏都是可预测的，你处于一系列虚假的挑战之中。

理论　　输入　　　　　　　　　输出　　理论

●关联重构。

知识还有一种输出方式就是关联重构。知识绝非简单的堆积，而是制造关联，不然无法构成体系。李善友教授把物理中的量子力学和企业管理做了关联，输出了互联网思维。罗振宇在 2015 年的跨年演讲中把生物学思维和现代商业做了关联，然后解读这一年最热的创业和经济现象。

通过仔细分析，你会发现整个演讲里的核心观点其实是引用他人的，都可以追溯到某个人某本书的某种思想。

比如贯穿罗振宇整个演讲的主旨思想"用生物学的思维理解现代商业"，其实主要来源于 3 个人的 3 本书，分别是 Visa（维萨）创始人迪伊·霍克的《混序：Visa 与组织的未来形态》，凯文·凯利的《失控》和王东岳的《物演通论》。

不过罗振宇聪明地把这些思想和观点进行了连线，并且和去年当下很多商业事件做了关联，完整4个小时听下来，大家不会觉得枯燥，还会觉得脑洞大开，正所谓："天下知识一大抄，看你会抄不会抄。"

（5）聚合：分类、分解、再聚合、建立秩序和体系。

想要完整构建一套知识体系，一定要经历知识的分解和再聚合，知识的分解和再聚合是从理论——实践——理论的循环迭代过程。

同一领域的知识模块归类组合到一起会形成一套知识体系，而将多个知识体系最终融会贯通起来则必须通过大量的实践。

这是因为知识体系的建立由实践和问题驱动，问题和实践能够分解离散原来知识模块中的点，这些点在解决问题的实践中不断地进行重构，然后再通过总结和归纳来思考如何从底向上抽象形成某一个领域的完整知识体系。

对于没有构建太多知识模块的年轻人来说，不建议一上来就参考他人的完整知识体系图进行系统性的学习，最好先从实践和解决问题入手构建知识模块。

由《奇葩说》团队打造的付费音频《好好说话》最近在喜马拉雅上卖得很火，你会发现每天的 6 分钟语音都是针对某一个场景的问题，所有的知识点最后归纳总结为演说、沟通、说服、谈判、辩论五维话术能力，最终形成一套说话的知识体系，而所有的场景和知识点解决的问题都在这套说话的知识体系内。

而这套说话体系的底层理论汇总了传播学、语言学、心理学、广告学、商学、哲学等多学科领域的研究成果，从这里可以看出科学和哲学是获得元认知理论的两个主要来源，所以想获得元认知方面的知识最好还是看一些学术著作。

（6）扩充：构建知识边界之外的系统思维。

构建知识体系的本质其实是构建系统思维，一般到这个步骤，知识体系基本就已经构建完成了，但人的思维都会有边界和漏洞，以上 5 个步骤可以建立逻辑自洽的知识体系，却也会造成思维上的局限。

对于最为平常的事物，我们非常熟悉，通过与它们的交互，我们得到了经验和技能，但我们又是以一种无知的方式与它们朝夕相处，它们是我们的"熟悉而未知的世界"。

比方说很多人每天都能看到鸟飞，却只有莱特兄弟最先造出了飞机，因为我们没有思考为什么鸟儿能飞，没能看到鸟儿飞背后的动力学原理。再比如说我们每天都喝的水，我们看到水都觉得这是一样很平常的东西，老子从中却悟出了天地之道，写出了传世的《道德经》。

实际上，我们都是以一种"熟悉而已知的世界"的错觉存活在这个世上的。

我们误以为我们所遇见的、所看见的都已经在掌控之中，这种错觉把我们锁定在一个狭小的智识区域。

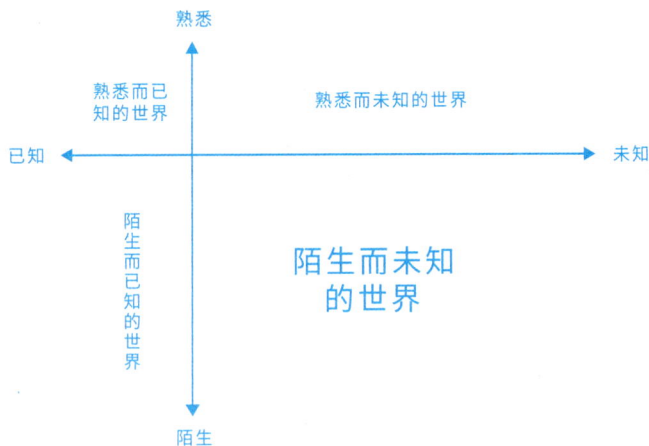

```
                      熟悉
                       ↑
       熟悉而已          熟悉而未知的世界
       知的世界
   已知 ←————————————————————————→ 未知
       陌
       生
       而          陌生而未知
       已            的世界
       知
       的
       世
       界
                       ↓
                      陌生
```

我们教育体系的 3 个基本特征决定了它大多数时候只能培养出平庸之辈：

●以流水线的方式培育人才。

流水线式的人才生产方式，是一种很经济和高效的教育方式，但往往是以磨平学生个体的兴趣、才智的棱角为代价。

●以标准化的方式筛选人才。

有一个概念叫标准化考试，就是尽量把考核的各个过程加以精密的定义，使其误差最小、统一性最高的方法。容易被标准化考核的、确定性的知识成了考核以及教学的重点，而很难被标准化的需要深层次思考、争议性讨论和精微把玩的东西统统被回避了。

●它仅满足于传承抽象的知识和理念。

很多大学的本科教育是以培养科研人才的预科班为思路来组织教学的，只完成了理论到理论，而少了实践的环节，而对一个人系统思维和价值观影响最大的是环境。

绝大多数的人很难跳出自己所在家庭环境、成长历程和生活圈子灌输的一些理念，而后天读的一些书、经历的事情和所有的思考和都只是在强化他们深信不疑的价值观的合理性。

　　除非经历重大变故，人的想法其实是极其难以改变的，而我们却很难意识到这一点。所以，多和自己成长环境不同的人接触，多听一些和自己截然不同的想法，并用一个平和的心态去理解这些事情，是建立一个优秀的系统思维和价值观比较好的途径。

文 / 大华

● 别让那个迷茫的自己，永远学不会发光

找我做咨询的人，多数是迷茫的。

小 A 刚工作不到半年，性格内向，总感觉不能融入同事的氛围中，与大家格格不入。看周围的人似乎都很会说话，有些人还善于拍马屁，这难道就是自己总在期待的独立自主的职场人的生活吗？也要和大家一样混日子吗？真想换工作，但是换到哪里呢？自己刚工作不过半年，也没什么经验，如果贸然裸辞，找不到工作怎么办？家庭经济情况并不好，还希望能够多挣些钱孝敬父母。忍气吞声做着自己不喜欢的工作，慢慢地开始厌恶上班了，一方面知道不能这样继续下去，一方面又不知道该怎么办，迷茫了。

大 B 已经在一家公司待了 5 年，这是他在职场的第 8 年。这 8 年里，他从初级的工程师做到了部门总监，中间的一次跳槽，实现

了他对于职业的完美期待——进入了心仪的公司，做着自己喜欢的职业，并且在 5 年时间里升了两级。然而，所有这一切因为公司的融资而发生了改变。资本介入，需要调整公司战略，砍掉一部分业务，其中就有他所在的部门。虽然他只是调动了一个部门，待遇福利并没有受到任何影响，甚至因为工作优秀而得到更多期权，但作为一个有职业理想的人，他感觉一下子像是被抛弃了，还要不要在这家公司继续工作？或者是换一家平台，或者是和别人一起创业？自己心里没有答案，而是多了些疑惑：自己坚持的就一定是对的吗？又该如何判断未来的对错呢？他迷茫了。

老 C 的儿子刚上小学，上有老下有小，还要还房贷，二胎政策放宽，很多人都劝他再要一个孩子，但是他真觉得自己再难承担更多的压力了。为了挣钱，他总是需要出差，做项目，日积月累，身体已经开始预警了，颈椎病、血脂高、肠胃不适。太太心疼他，可是也爱莫能助，家里有老人孩子需要照顾，她就只能找了一个离家近、时间宽松的工作，可那微薄的薪水只够买菜的钱。不知从什么时候，全家就进入了艰难的生活模式，已经很久没有听到欢声笑语了，一切都像是例行公事：工作，接送孩子，辅导孩子学习，包括定期旅行。夜深人静的某一天，谈到了未来的发展，两个人从年龄的焦虑谈到了现实的迷茫。活着，到底是为了什么？老 C 迷茫，太太也迷茫。

迷茫让人困顿，迷茫让人叹息，迷茫让人惆怅，迷茫的最终结果是：退化到无能为力。

越迷茫，越不愿意行动，因为看不到行动的意义；越迷茫，越看不到方法，因为所有的方法似乎都有不确定性；越迷茫，越容易陷入情绪不能自拔，因为自己似乎进入了孤岛，茫然无助。

几乎每个人都会有这样的阶段，就像是爬山或者赶路，忽然就绕进了一个迷宫般的丛林，迷了路，左走右走，走不出来的时候，急得坐在地上要哭。

迷茫的时候，起来行动。该如何行动？这是迷茫行动策略：

（1）写出迷茫，冷静下来。

找一张白纸，像是诉苦般地把现在所有的迷茫写出来，注意要不厌其烦地写具体。如果找一个朋友来聊，可能会"你一句我一句"地开起了诉苦大会，越说越心烦，但是在一个人独自面对白纸的时候，写着写着，你或许会感到绝望，或许会感到无奈，但是一定会越来越冷静。写到最后，你会发现，所有的迷茫，那种让人摸不着头脑的感觉，竟然都可以呈现在纸上，而且一张 A4 纸的空间就已经足够了。就只是写，不停地写，写到写不出来了为止。

（2）分析迷茫，加以区分。在那张写满迷茫的纸上，开始做标记，看一看，哪些迷茫是因为对于未来的方向不清晰造成的？哪些迷茫是对于当下的目标没有动力造成的？哪些迷茫是遇到了当下解决不了的困难造成的？哪些迷茫是因为反复遇挫怀疑自己造成的？哪些迷茫是因为对任何事情都不感兴趣却又觉得不该如此造成的？

做好标记以后，你再仔细看看，是不是可以把迷茫分成这么三类：

第一类：完全没有方向，即便自己能够做主，也不知道该做什么，甚至都没有一个期待的标准。

第二类：本来是有方向的，但是每次的行动总是以失败告终，尝试了多次之后，就没那么有信心了。特别是他人的评价，让自己顶着无形的压力，仿佛每走一步都是错误的。

第三类：有值得期待的方向，但现实又是那么遥远，似乎所有的事情都是"不得不做"的事情，而在这些"不得不做"之后，自己只剩下不得不活着了。

（3）找到原因，制定策略。

每种迷茫都有其产生原因，找到原因，策略自然也就出现了。

第一类迷茫，在完全没有方向的时候，人生的意义感却在提醒自己，应该有所追求。对自我的认知不清，是迷茫的主要原因。策略很简单，进行持续的自我探索，用一种可以让自己安心的解释来理解自己，方向感就出现了。很多的哲学家讲过人生的意义，作为生物体，人生没有什么意义，但是人们经常给自己的人生赋予意义。

这样赋予意义的过程，就是进行自我探索的过程。探索自己可能喜欢做哪一类的事情，探索自己可能喜欢和什么样的人交往，探索自己喜欢什么样的氛围，探索自己在什么样的职业中会有成就感。这样的探索越早开始越好，这样的探索没有尽头，这样的探索结果是对自己越来越笃定。当然，这样的探索前期，或许不会那么幸运，或许会总遇到自己不喜欢的情况，要记得，这也是有价值的探索，至少在排除中距离自己更近一些了。

解决第一类迷茫的核心策略是——探索，而这本就是人生的一部分。

第二类迷茫，是在隐约有了自己的方向之后，却遭遇了多次挫折失败的打击，这时候，社会环境又毫无悬念地支持成功，鄙视失败，这些加剧了你的迷茫。迷茫的原因是未来的不确定，以及现实的反方向力量从而产生的自我怀疑：这真的是对的吗？

可以肯定地说，你是错的，任何人在遇到失败之后，一定都是错的。但，可以肯定地说，不错，怎么会对呢？

策略有两个：首先，不要执着于自己的确定性目标，而是在每次结果出现的时候，进行调整。失败了，很好，为什么？能力不足，提升能力，资源不足，整合资源。方向不对？为什么？在你尝试了所有的方法之前不要草率地下结论。而且，方向不是一个确定的目标，在不断调整目标的时候，反倒是更加接近自己的内心。其次，要学会利用资源，在现实中实现理想状态。理想主义者，是实现了理想的人，而不是郁郁不得志的人。在做一件事的时候，有哪些可以满足别人价值的部分？有哪些可以和别人合作的部分？有哪些借助别人力量的部分？可以尝试着一起合作，彼此支持，实现各自的理想。

第三类迷茫，在生活的重压之下，当生存把所有空间挤没了之后，产生一种无意义的存在感，自然又会迷茫。迷茫的原因，就在于忙碌中丢失了自己的重心。除去这种迷茫的策略是，停下来，找到重心，再重新上路。

我们很容易进入一种被周遭推动的"滑梯"模式：该升职加薪了，该结婚生子了，该买房买车了，该跳槽离职了，该给孩子规划未来了，该退休了。周围人都在说这个、做这个，也促使你去这样想、这样做，自然而然地进入了一种自动的"滑梯"模式——完全没有自己的主动思考，有的只是短视的谋生竞争策略。

这样下来，就会出现两种结果：一种人凭借智商、情商、机会、人脉得以顺风顺水，扶摇直上；另一种人则不管是哪种因素出现问题，都会把自己搞得十分疲惫，甚至难以成功。这也难怪，都在一条"滑梯"上运动，哪能不竞争资源？哪能都那么顺利？

然而，这并不应该是所有的人"滑梯"。有没有想过，**"滑梯"的终点是不是等着你想要的结果？有没有想过，下滑的过程，有可以享受的瞬间？**这就是一个人的重心，不同阶段可以不同，但是只有把握了重心，才能在资源一定不足的情况，获得自己最想要的那个部分，得到了，也就心安了。

（4）开始行动。

有一种智慧，是水的智慧，这种智慧在于流动。遇到石头，在流动；遇到树木枯草，在流动；遇到水流汇入，在流动；遇到大坝拦截，依然在流动。方向可以不确定，可以波涛汹涌，也可以渗入地下，甚至枯竭，但只要存在，就一直在流动。这样的智慧就是行动，边思考，边行动，边调整，澄清一些了，分析一些了，有了一些策略和计划了，依然不确定，依然不完美，但是，依然要开始行动，谁也不知道究竟会如何，行动知道。

迷茫像一场大病，能把人击垮，但这也是好事，可以让你更清醒地认识自己，让你清楚自己有需要提升的能力，也能帮助你找到自我再上路。

迷茫的时候，试试行动；迷茫的时候，起来行动。

文 / 赵昂

● 你为什么一直抱怨自己没时间

如果打一个比方来解释什么是时间管理，我的答案是用容器收纳物品：事件是物品，时间是容器；提升时间管理技能需要一一击破3个方面：明确你有哪些物品需要被收纳（梳理事件）；盘点你有哪些容器可供收纳（记录和分析时间）；如何高效地将物品收纳至容器内（事件与时间的匹配）。

第一，你有哪些物品需要被收纳（梳理事件）？

很多时间管理大师说时间管理就是事件管理。事件管理于我，实质是人生管理，目标是确保我们所处理的所有事件先有价值，再有条理，具体方法是自上而下、以终为始对人生进行畅想和拆分——建立自己的价值观体系，并拆分成一条条清晰的可执行的行动计划。

●建立价值观体系。

史蒂芬·柯维的"以终为始"，加上 GTD（著名效能提升书籍

Getting Things Done: The Art of Stress-Free Productivity，中文书名《尽管去做：无压工作的艺术》）中的"5 万米高空"，都在谈那个"我们最终要到的点"，我们做的每一件事，都应该有明确的目标指向，确保我们即使走了很远，也明白为什么而出发。对这些进行体系化的盘点，将使我们完整、清晰地看到这一生中我们看中什么、想要什么，我称之为"价值观体系"。

2013 年，受偶像（"趁早"品牌创始人王潇）影响，我初次尝试用 Excel 简单画出了自己的价值观体系；另外这几年来，我还受到很多大咖的影响（如《拆掉思维里的墙》的作者古典老师的"生命之花"模型的影响等），多次对自己的价值观体系进行修订。今年，我又受到时间效能管理专家叶武滨老师"九宫格"的启发，再次完善了体系——将生命中重视的东西划分为 8 个方面，对每个方面进行细分，并设定目标状态。

"九宫格"体系讲究生命的完整、平衡和融合，使我们清醒地认识到自己在乎的全部角色，例如不会只顾赚钱发财而忽略了家庭陪伴，不会因为疯狂加班而熬垮了身体，而完整、平衡和融合，便是人生幸福的关键。

●拆分价值观体系，形成行动事项。

价值观体系浓缩了人生多方面的愿景，高高悬挂在头顶，指示我们前行。横向上，它需要被拆分得更具体，我使用金字塔原理中的 MECE[①]原则思考人生的每一方面都有哪些更为具体的小方面，并用思维导图画出来。

纵向上，从终极愿景到目前行动，这长长的路径需要被拆分成一个一个阶段，我会分解成 5 年（或 3 年）规划、年度计划、月度计划和每日待办。每 5 年的元旦假日，我会设定下一个人生 5 年规划；每年元旦假日，我会设定下年度计划；每月最后一个周末，我会设定下月计划，并简单铺排每日待办。人生中在乎的 8 个方面，至此，都变成一条条可去行动的清单，安静躺在每日的时光里，等待我来拾掇。

完成了第一、二步，到这里，我们就有了一把衡量自己每天应该专注什么、完成什么的尺子，对要完成的事项进行"断舍离"，确保所做的每一件事都有明确的意义指向，避免瞎忙。

---

① MECE，Mutually Exclusive Collectively Exhaustive 缩写，意思是相互独立，完全穷尽。对于一个重大的议题，能够做到不重叠、不遗漏的分类，而且能够借此有效把握问题的核心，找到解决问题的方法。

●对需要完成的事项进行快速评估。

对大多数现代人来讲，拆分后的行动清单都是相当庞杂繁重的，我们需要对其进行快速评估。可以问自己3个问题：这个事项2分钟内能搞定吗？如果可以，现在、立刻、马上处理掉，绝不拖延；能有更合适的责任主体来完成吗？如果有，委托授权给他人（德鲁克说80%的事务其实都可以委托他人完成）；剩下需要自己完成的，放到待办清单中合适的地方去。

●匹配行动事项的清单管理。

感谢移动互联时代超级多非常好用的清单管理手机软件拯救了我们的效率。基于行动事项的性质，我用两类清单管理APP管理待办：一是有明确时间节点的行动，如"6月26日15：30上健身房"，因为提前预约了健身教练的时间，这一行动必须在6月26日15：30发生，因此，放入日历表APP中，设置提前闹铃提醒；二是没有明确时间节点的行动，如"研究'知乎''分答'等网络分享平台"，放入奇妙清单APP中。

日历表中每天的待办事项不能过多，我的标准是不超过3项，否则会疲于奔命、相当焦虑紧张；没有明确时间节点的奇妙清单中的事项越多越好，保证生命体验的丰富充实。

接下来重点谈谈在奇妙清单中设立不同的主题清单——根据环境、时长、精力、关键人物等不同因素，可以设定不同主题的清单，如"轻松思考的专题清单（策划一场旅行、举办一场生日 party 等）""严谨思考的专题清单（研究 ×× 发来的商业保险建议书、研究一个理财工具包等）""10 分钟内能完成的事项清单（与淘宝卖家确认退货注意事项、找到并下载特训营四阶段音频等）"。每一天中，当你在不同的场景下，有空余时间，可以随时打开 APP，看看相应场景下能完成哪些任务，然后行动、打钩、over（完成）。例如，今天精力充沛、头脑灵活，又正好有一小时空余时间，那么就可以挑选"严谨思考专题清单"中的一项加以完成；又如，约朋友聚餐，等她到来的过程中，可以打开"10 分钟内能完成的事项清单"，挑选一项完成，等等。

除了基于价值观体系自上而下拆分的行动事项放入清单中，让我们脑洞大开的奇思妙想、突发待办、他人交代的值得完成的任务等都可以放入相应清单中，等待着合适的时间去完成。用清单管理待办的好处是给大脑减负，不用花很多精力回忆"咦，我好像还有什么事儿要办来着"，大脑因此会感到无比清爽轻松。

完成了第三、四步，到这里，我们就有了清晰的行动事项清单，确保我们所做的每一件事都是有条理的。

第二，你有哪些容器可供收纳（记录和分析时间）？

我们需要完成两方面工作：一是记录时间，二是分析时间。

●记录时间。

记录时间是一切时间管理的基础，目前应用比较广泛的时间记录 APP，iOS 推荐 Moment（时刻），安卓推荐 aTimeLogger（时间记录器）。

●分析时间。

通过一段时间的坚持记录并对其进行深入分析，对时间花费做到心中有数，才能优化时间投入。例如，分析我工作日的时间记录结果，发现每天时间较均等地投入在 3 个方面：睡眠、工作和其他。

先分析"睡眠时间段"。由于白天任务繁重，充足优质的睡眠是白天有足够精力搞定一切事务的基础，因此，7.5 小时睡眠时间段是我首先要保证的。同时，熟悉养生的人都知道，同样 7 小时晚间睡眠，晚 1 早 8 的效果是远远不如晚 11 早 6 这种早睡早起模式，因此，无论如何，我都尽可能保证每天在 11 点前入睡，每天还能午休 30 分钟。这里插一句，几乎所有的时间管理大师都会强调早睡早起的重要性，而精力管理是时间管理的一个重要方面也正是基于同样的原因。

再看"工作时间段"。职场中，我需要带领一支团队完成高强度的工作任务，如果我要保证每天的"其他时间"不被侵占，就必须尽可能提高工作时间段的效率，按时保质完成工作，准时下班，不用加班。工作中，我会坚持问自己：怎样更高效？有没有更快更好的做事方法？例如，当一项大型工作结束，我会复盘完成这项工作的路径是怎样的，有哪些是走了弯路，又有哪些是比较快速且取得高收益的做法；又如，当启动一项大型工作前，我会先做一个简单的思路方案，用试错法探探大领导更明确的想法，确认方向对了再正式开工，避免猛砸进去，结果做了很多无用功；另外，当我不确认工作推进的方法是否高效，我会先约几个乙方公司聊聊，看看行业里成熟科学的做法是怎样的。这样一来，工作效率就会大大提高。

最后来看"其他时间段"。这个时间段的碎片化程度相当高，却需要承载很多很多需求——除了像吃喝、个人卫生、通勤交通等这些不得不做的，还有陪伴家人、学习知识技能、发展兴趣爱好等这些自己想做的事情，就像近两年很流行的一个观点——"8 小时之外决定人与人的区别"，把握好这个时间段的秘诀就是一定要对自己阶段性的重点目标保持清醒的觉察和专注的投入。例如，现阶段，我在参加 MBA 课程学习，除每周末上课外，平时有大量课后阅读和作业需要完成，记录时间后发现我每天有且仅有 2 小时的学习时间，那么我会尽可能远离手机，全心全意过好这 2 小时。又如，我个人有强烈的学习动机，希望每天都能有一些新知识或技能的增长，记录时间后发现，每天能让我安静自学的整块时间几乎很少，因此，我不得不深挖一切可以利用起来的时间的潜力，例如交通途中看 Kindle（电子书阅读器）学习，洗漱时听音频学习，因为在时间上别无选择，所以更加高效。

第三，高效地将物品收纳至容器内（事件与时间的匹配）的几个好习惯。

明确了自己有哪些待办事项，清楚了自己的时间分布特点，接下来，需要将待办事项和时间段进行匹配，在相应时间段里搞定适合完成的任务。另外，更为重要的，是需要反复训练自己在时间段内高效完成任务，直到高效变成自己的一种习惯。

以下介绍 3 种促成高效的好习惯：

●打造外脑。

打造外脑实质也即整合资源。从"人"的层面讲，我们应该为自己建立一个专属的顾问团队，通过众筹他们的智慧，我们能更高效行动、更快速达成目标。对于我需要不断去修行的 8 个方面，我都会各找一名以上的顾问，例如，当工作中有一项难题需要解决，我会去向我的顾问寻求建议，这人可能是被大家都认可的同事，也有可能是我很信赖的领导，也可能是行业里顶尖的咨询顾问，综合建议后，敲定行动计划，再开始执行。又如现在很火的一款 APP "在行"，对于有些需要深入研究的领域，可能自己亲自分析需要好久才能掌握，但如果在"在行"找到这个领域里的行家，通过几个小时一对一请教，也许只是几百块钱的投入，却高效地收获了知识、技能和经验。

另外，从"物"的层面讲，我们也应该为自己建立一个专属的知识库，这些知识不用全记在脑海里，需要用到的时候，直接到知识库中调用即可。例如，我在印象笔记中对应人生的 8 个方面开辟了 8 个笔记本专区，日常遇到有用的文章、视频或音频等资料，都存到相应专区里，建立了"影单库""书单库""旅行地库""写作灵感库""工作点子库""购买单品库"，等等。当我终于拥有一段观影时间，我只用打开"影单库"随便挑一部电影，就开始观赏了，而不用像很多人一样先去豆瓣上查评论、看分数，抉择到底要看哪一部都花了很多时间。

●学会"一边一边"。

这是我在听行动派创始人琦琦分享时间管理的音频时学到的习惯。往大的方面说，人生太短暂，要想获得更多体验的密度，只能尽可能多地考虑并行行动事项。我日常经常做两类合并：一类是基于环境相融性，例如在晨间洗漱的同时听音频，晚间洗澡的同时敷面膜；晚间先生回家后（他一般都是加班到9点半左右才回到家），与先生一起研究讨论理财，既增加了夫妻交流，又学到了知识，还为投资理财做了理论储备。

另一类合并是基于动机的强弱互补性。人脑天生就不喜欢处理复杂事项（所以有"烧脑"一说），要完成一篇长文写作的动机肯定不如去咖啡馆喝杯咖啡、吃块点心那么强烈，那么，为什么不把这两项合并一起完成呢？

●高度专注。

这也是时间管理大师们老生常谈的话题了，提升时间管理技能必须攻破的堡垒之一。因为我一向高度专注力还不错，所以没有刻意训练，在此仅推荐一个小工具——名为 Forest（森林）的 APP，模拟种树的情景，一旦开始专注，不能再碰手机，否则种下的树苗就枯萎了。

最后，整个时间管理的闭环之处，就是及时、定期的复盘。

我们谈到终极的价值观体系、人生的 5 年规划、年度计划、月度计划、日计划，你离这些梦想究竟还有多远，一路走得怎么样，有没有因为走了太久而忘了要到达哪里，这些都需要定期清醒地审视。

我的闭环管理是这样做的：每天清晨醒来，回忆、反思、总结昨日，写晨间日记；每个月的第一个周末，基于上月每篇晨间日记，审视反思上月，盘点成绩，记录教训；每年元旦假期，基于每月总结，对上一年度进行盘点；第 6 年的元旦假日，基于每年总结，对前 5 年进行盘点。基于这些盘点，不断提升时间管理的方法、技巧，由此，良性循环得以形成。

文 / 黛婉如蓝

● 学习有没有用，取决于你为什么要学

之前有朋友问我，你最近都在网上学些什么，我说历史和哲学。她感到很意外，说你怎么不学些有用的，我还以为你学的是跟工作相关的东西呢。

朋友的话让我深思，在她看来学历史和哲学是没用的，这些课程对升职加薪没什么用，花那么多时间，还不如学门职业技能实在。关于这点，我是这么认为的：

第一，有用 VS 没用。

有很多人问我，平时用英语的机会很少，学英语有没有用？

其实，在回答这个问题之前，你应该问问自己为什么要学英语？我觉得这个动机很重要，否则，你根本学不下去。

讲一个发生在我身边的故事。我认识一位前辈，大学学的是科技英语，毕业后分配到政府工作。他是他们单位唯一一个坚持每天学习外语的人，周围人都笑他，有现成的翻译不用，干吗自己学。

十几年后，中国使馆招募驻外大使，他从上千人中脱颖而出，人生轨迹也由此改变。

所以，有没有用，取决于你自己怎么看，取决于你为什么要学。有句广告词说得很好："每个人都是一座山，但世上最难攀越的山，其实是自己。往上走，即便一小步，也有新高度。"只要学习，总会有收获。很多时候，学习就是个厚积薄发的过程，不仅是学英语，学其他东西也是一样的。

第二，需要 VS 喜欢。

我们学习大部分是出于两个目的：需要，或者喜欢。二者在效果上，很难衡量，但在持久性上，却有显著不同。

出于实际需要学习，大多是为了解决一些眼下的问题，比如为了应付考试、为了答疑解惑、为了考证加薪等。但是，这样的学习很难有长效性，就像吃药一样，当病好了，你就不再想吃药，就算接下来的补药对身体有好处，这种需求已经不那么迫切了。举个例子，高考结束后，还有多少人主动学曾经不感兴趣的科目？

为了爱好学习则没有那么强的功利性，就像追求自己喜欢的人，未必是一定要得到那个人，也不是为了经济上的企图，就是喜欢，就是想努力接近她，不计成本，经年累月，乐此不疲。

因此，在我看来，**与其问"我应该学什么"，不如问"我喜欢学什么""我想学什么"**。

第三，不知道自己喜欢什么，怎么办？

不知道自己喜欢什么的时候，只有一个方法——尝试。这和超市的试吃是一个道理，先尝尝，口味对了，那就对了，口味不对，换下一个。

就我自己的经验来说，一开始也没有很强的方向性。只是先学一些觉得很实用、很感兴趣的课程，再慢慢发现原来学习 A 还要知道 B，学习 B 还需要了解 C，为了更好地学习 A，其实我应该先学好 B 和 C……就这样一步一步找到自己的方向，知道要学什么，按什么顺序学。

所以，不要想太多，先学了再说。基本上你能坚持学下去的，就是你比较感兴趣的。

怎么学？

第一，练招式还是内功？

我觉得学习就跟练功一样，分两种：一种是练内功，一种是练招式。

招式，浅显易学，上手快，见效快；内功，则聚沙成塔，旷日持久，进展缓慢。武功要想登峰造极则必须内外兼修，内功要深厚，招式要精通。但是，天下武功种类众多，包罗万象，一个人穷极一生，真正能精通的也不过几种，所以有些功夫学些招式就可以，有些功夫则需要苦练内功。

具体来说，以我自己为例，像时间管理、《学习困难科目的实用思考方法》这种实用类的课程，我把它归为招式类，掌握一些基本的原理和实用技巧即可，不用深入，而历史类、哲学类的课程我比较感兴趣，则投入的时间更多，学习得也相对深一些，这些属于内功。

第二，学习方法。

每个人都有自己的一套学习方法。同样一门课程，不同的人学习，收获也会不一样。我自己的方法就是，学完一门课程要问自己四个问题：

What——这门课讲了什么？

How——这门课是如何讲的？

Critique——你同意课程中的观点吗？

Reflection——对你的生活有什么用？

回答这些问题会有助于将知识系统化，将各个知识块有条理地组织起来。前两个问题属于比较浅显的层次，认真听课基本上都能回答上来，而人与人之间水平的差别往往表现在后两个问题，它直接反映了你思考的层次。我认为学课程和阅读的方法是相通的。

怎么坚持？

自学是件苦逼的事情，它要占用你原本可以用来娱乐的时间。

为什么别人看电视的时候，你要听课？

为什么别人刷网页的时候，你要读书？

为什么别人逛淘宝的时候，你要写笔记？

为什么别人玩游戏的时候，你要查资料？

自学最难的地方既不是学什么，也不是怎么学，而是怎么坚持，你要不断地和自己的惰性做斗争，和各种各样的诱惑做斗争，和轻松舒服的安逸做斗争。这么难，怎么办？

方法只有一个——养成习惯。

　　是的，习惯。学生时代，我一直很喜欢写作。工作后，这个爱好就搁置了。直到从今年开始，我又重新开始学习写作课程，加入写作训练营，坚持在公众号分享自己的读书笔记、学习体会，我一直坚持到现在。究其原因还是因为从小就喜欢写作，并有写日记的习惯，所以我在学生时代大大小小的日记本就有几十本，尽管工作后这个写作的习惯就慢慢放弃了，但是一种热爱一旦养成习惯，在以后的日子拾起来就容易顺着这种惯性坚持下去。很多人很难做到每天学习，却可以很轻松地坚持每天刷牙。为什么？

　　这就是习惯的力量。

　　毕业很多年后，我才终于明白为什么当年那些学霸可以天天学习而我却做不到的原因了，因为学习对人家来说就跟刷牙一样自然啊——一个老学渣多么痛的领悟。

　　为什么一定要自学？

　　这一点放在最后讲，是因为我认为自学最大的意义就是——给未来的自己投资。如果说有什么投资是只赚不赔的话，那么自学无疑就是这样的投资。而且，这项投资越早越好，它会为你带来这样一些收益：

第一，解锁加速学习的技能。

自学未必能够给你带来好的工作、好的运气、好的报酬，但是，学习到一定程度，你会解锁一个关键技能——融会贯通，之后你的学习速度就会呈几何增长。

根据 Barbara Oakley（芭芭拉·奥克利）教授的观点，我们的知识是压缩成"块"的，每一个块都有一个固定的神经回路，某个块用得越频繁，那一部分的神经回路就会越牢固，就像小路越走越平坦一样。当我们学习新知识时，神经会自发地选择那些平坦的路径，也就是会与已有的知识块进行连接，这个过程被称为"融会贯通"或者"触类旁通"。所以，当你的知识块越来越多，体积越来越大之后，后面学习新的东西就会越来越容易。有人说，学习到一定程度就会产生加速度，原理就是在这里。

更重要的是，原有的知识块很容易产生意想不到的连接，带来惊喜。每个人都看到苹果落地，却只有牛顿发现了地心引力。这种"顿悟"，其实就是融会贯通的意外成果。

第二，获得阶梯式的成长。

想起网络上的一个笑话：一个人跑去问老板："我都有 10 年工

作经验了，为什么您还不给我涨薪水呢？"老板回答说："你是有10年工作经验呢，还是把一年工作经验用了10年呢？"

这个故事我深有体会，工作的前几年往往是一个人成长最快的时期，当你一切都能得心应手、熟悉应对时，很容易进入一种平和的温水煮青蛙的时期。

当一个人的学习曲线开始趋平的时候，要特别小心，这其实是一个危险的信号。谁都喜欢安逸，可是安逸的后果就是一年的工作经验一不小心就用了10年。想要避免这种情况，唯一的办法就是持续不断地学习。

第三，遇见更优秀的自己。

"知乎"有一个问答给我留下了深刻的印象。

题主问：你在"知乎"上究竟学会了什么？

其中最高票的回答是这样的："小时候不努力学习，长大了就只能给别人点赞。"这句话不知戳中了多少人的心坎，不多解释，你们懂的。

文/Anya（陈文雯）

分享——高效职场人都在用的方法

● 远离"不聪明且勤奋的人"

Angel Ye（安琪儿·叶）是我很喜欢的一位广告创意圈的前辈。Angel Ye 在她 15 年的广告创意生涯里，前后在奥美、JWT、DDB、AKQA（广告营销圈的读者都知道吧）等一流的广告公司工作。几年前，Angel Ye 又投身创业圈，创办了一家很牛的独立广告创意公司，作为一个女性，她似乎真的很成功了。

但是，就在前不久，Angel Ye 却因为健康问题宣布离开了。在她写给公司团队的信中，她开始为自己前几年过度工作而后悔，她说："要为自己喜欢的而活，健康与自由比一切都重要，业余爱好和工作一样重要，有能力的人绝不加班，远离那些不聪明且勤奋的人。"

这是 Angel Ye 的职场箴言，简直太符合我对工作、对事业、对职场的认知三观。当然，我这种三观也许与很多传统公司的价值观八字不合。我绝不认为一个为了工作放弃自己的全部业余生活，甚至放弃自己的家庭的人是值得尊敬的人，他们恰恰是一个公司中最可怕的定时炸弹。

前几个月公司来了一位30多岁的资深职业经理人DD，他有老婆有孩子却天天加班到深夜11点半，离开公司的时候还要把笔记本抱回家，而第二天早上9点不到就出现在公司里了，周末也都是准时出现在办公室1平方米的工位上。这位看起来简直是感动公司的员工楷模啊，为了公司，为了工作，连孩子见不见也无所谓了，连老婆抱不抱都不管了，这可真是让人泪流满面的价值观啊！

不出一个月，公司整个部门就展开了如火如荼的"学习DD同志加班到深夜，早上提早到"的活动。部门最高领导发话：要好好整顿晚上在8点前下班的人。作为每天早上踩着点到公司，每天晚上不到8点就灰溜溜逃出办公室的我，看到DD同志这大公无私的行为，我惭愧地流出了两行眼泪：妈蛋，我能抽你丫的吗？

我曾经在一篇文章中写过："一个人如果真的热爱他的工作，他会全身投入，什么加班加点、熬个通宵全都不在话下。"

但问题在于，在职场中，99%的加班全都是源于被迫，迫于某种制度、迫于某种氛围，很多人一边加班一边熬夜一边吐槽一边骂娘一边浪费时间消耗青春，这就是我们大多数人的职场现状。

我和 DD 共同做过好几次项目，开过好几次会之后，我便确认他就是一个"不聪明且勤奋的人"，一个职场中可怕的定时炸弹，一朵躲在职场中散发迷魂恶臭的奇葩花，一旦接近他，你的事业、你的生活全部会被摧毁。

DD 是这样一个人。他每天 9 点到公司，开始刷微博，聊微信，看看昨日的邮件，和周边的同事聊聊天，装出自己特别忙的样子。他最喜欢的事情是开会，因为开会简直是拖延时间并且让大家觉得自己很忙的最好的事情了，明明 5 分钟可以解决的会议他非要开成 50 分钟；明明只需要两三个人就能搞定的会议，他非要拉来二三十个人。开完会了，该工作了吧！

由于 DD 是一个小主管，他从来不自己干活，有时候只需要自己给其他 Team（团队）的老大打个电话、发个邮件就能搞定的工作，他非得让手下的小朋友去找对方 Team 的小朋友，然后对方 Team 的小朋友汇报给对方 Team 的老大，对方 Team 的老大再打电话来给他。这么一个循环，2 个小时又过去了，简直棒呆！

　　我想你应该知道为什么DD每天都那么晚下班了，就是因为他作，因为他傻，因为整个公司氛围在怂恿这种不健康的价值观。

　　Angel Ye 在她的离职信中说职场人分为 4 类——聪明且勤奋，聪明不勤奋，不聪明不勤奋，不聪明且勤奋。

　　其实关于这 4 类职场人的文章，我在几年前就看到过，当时文章中还提出了一个问题：哪一种人是最可怕的？那时候我刚刚毕业，满怀着一腔鸡血，喝了几公斤的鸡汤，当然觉得"不聪明不勤奋"的最可怕。

　　但是，那篇文章却写道：最可怕的人是"不聪明且勤奋"。"不聪明不勤奋"的人虽然对公司毫无用处，但也不会向公司输出额外的价值观，他们只是一个个透明人，在职场中随时会消失，而且他们也许在工作之外有着其他的成就。

　　而"不聪明且勤奋"的人，则时时刻刻地向公司的其他人传递着一种自以为很牛的价值观——虽然我能力不够强，但是我能用时间来弥补啊。这种价值观一旦在公司里弥散开来，那就完蛋了，整个公司将会成为一个效率低下、员工幸福感低下的双低公司。

　　100 多年前，广大劳动者们用生命和鲜血换来的 8 小时工作制，就这样被那些"不聪明且勤奋"的人给毁了。

　　读到这里，也许已经有很多人要骂我了：那你说，像我这种不聪明的人怎么办？我连勤奋一下、努力一下都要被你骂，那我饿死算了！不不不，在我的理解中，"聪明"永远是一个相对的概念，"聪明"也是一种工作的方法。

　　从小到大，我的数学和英语就不好，在与数字和字母相关的工作领域中，我就不是个"聪明人"，所以我不会去选择当一名会计、精算师，或者翻译，但我的文字、审美、创意还不错，也许是个"聪明人"，所以我会去尝试做设计、文字和创意类的工作。

　　我还记得我刚毕业在广告公司工作的时候，同样的任务和工作量，我几乎都能在晚上 7 点前完成，几乎没有怎么熬过夜。当时每每看到第二天，很多和我一同进入公司的小伙伴们都一脸疲惫黑着眼圈的时候我就不理解，为什么你们要熬夜呢？果不其然，这些每天都熬夜写策划的加班狗，几个月后都转行了，他们去了那些更适合他们的行业和公司，在那里，他们成了"聪明人"，就真的很少熬夜了。

　　所以，"聪明"只不过是"喜欢"和"合适"的同义词，如果你每天都觉得你不够"聪明"，说明你需要换个坑了。

"聪明"还是一种工作的方式。聪明人都特别具有经济学的头脑，他们最看重的是时间成本，他们不允许任何一秒钟的浪费。一个职场中的"聪明人"，绝不允许自己的时间花在刷微博、聊微信和各种无意义的开会中，无论是苹果的乔布斯，还是微信的张小龙，他们都是绝顶聪明的人，也都是极度讨厌开会的人。

很多时候，我们会看到那些功成名就的创始人、CEO（首席执行官），一边经营管理着庞大的公司，一边还能够一年阅读100本书籍，还能每个月和父母妻儿出国旅行，他们还能登上珠穆朗玛、玩摄影、拿金奖，还能写出各种畅销书，同时还能保持养生，每天11点前必定睡觉。他们为什么有那么多时间？

原因很简单，他们都是"聪明人"，他们所从事的工作都是自己极度热爱的，因此他们在工作的时候就能百分之百地投入，获得一个极高的工作效率。他们拒绝一切无意义的开会、烦琐的流程、无效的聚会。在工作结束后，他们能够将工作完全忘记，让自己全身心投入另一个世界里，这才是人生赢家啊！

但让人沮丧的是，在大多数的公司、大多数的职场，充斥着"不聪明且勤奋"的人。这类人，也许是工业时代工厂流水线上最欢迎的人，但是现在时代已经改变了，生产方式也已经改变了，我们需要的是更高效的工作和更丰富的生活，而不是死气沉沉地混日子。

很多时候我真的特别担心自己的未来，在我目所能见的范围内，都是"不聪明且勤奋"的人。

在这类人中，最成功的是这样的：在一个个大公司里，做着一份自己并不那么喜欢的工作，一步步唯唯诺诺地往上爬，每天熬夜加班不回家，没有任何工作之外的乐趣，整个人变得枯燥而无趣，终于在30多岁的时候，拥有了一个看起来不错的职位，有了一份还算不错的收入，但这又如何呢，回头看看，他的青春留下了什么呢？他的未来又有什么期待呢？

最后再搬出一下马斯洛的需求金字塔：你工作到底是为了什么？只是为了获得最底层的物质满足吗，还是为了更高的自我价值的实现呢？

文 / 卡夫卡

● 让你抓狂的时光，是你崛起的最好机会

从第一家广告公司离职后，我跳槽到上海一家做智能家居的创业公司，担任总经理助理，辅助总经理处理公司的一些行政琐事和公司内外的一些沟通工作，因为有过类似的经验，我各方面都处理得得心应手、井井有条。

然而，半年后，公司的局势变得微妙起来，我的处境也变得很艰难。

先是市场部经理悄无声息地提交了辞职报告，说是要去美国很有名的一所公立学校读研。没多久，市场总监因个人的职业方向有了新的规划，也递交了辞呈，另谋发展。也就是说业务模块的两个关键人物都离职了，市场部相当于被架空了。一方面，总经理一时之间很难挖到在经营理念、个人能力和价值观方面都比较契合的人；另一方面，公司有了新的战略调整，总经理招聘新人的意愿并

不强烈。

于是，在一次看似征求意见的深谈之后，这两个人的所有工作，都自然地转嫁到了我这边，我的工作量变得非常大，事情变得非常繁杂。确认这个噩耗的时候，我的内心是崩溃的。

他们两个人潇洒地离开后，我一个人承包了公司大部分的文案、策划、翻译、采购、行政和业务工作，每天都处于一种极度抓狂的高压状态。比方说，你在一天的时间里，可能要完成一个新产品中秋活动的营销策划方案，要完成一款新产品的描述文案，要跟设计沟通详情页的修改意见，要跟客户沟通价格和协调供货，要跟供应商讨论印刷品的材质问题并砍价，同时还要跟进一些法务和商标问题……

那阵子，我的脾气变得很暴躁，连跟同事因为业务上一些很小的问题争论起来，嗓音都会飙得很高，大家见我像一只刺猬，都不敢轻易招惹我。

有天，无意间看到了一句话："你那么容易暴躁，还不是因为你弱，还不是因为你的能力解决不了你遇到的问题。"一下子戳疼了我的心。

我才意识到，自己不能再这样下去了。

那天下班，我一个人在公司待到很晚，把所有的职责模块都列在了一张 A4 纸上，挨个地做 SWOT[①]分析和 Q&A[②]，然后一下子就豁然开朗了。我终于明白，我每天那么抓狂，不是因为事情多，工作强度大，而是因为，在处理某些关键问题上，一不够果断，二不够效率，三不够灵活。

第二天上班，进公司后做的第一件事情，就是按照轻、重、缓、急把当天要完成的事项分类，预先评估在执行过程中要耗费的时间、调动的资源，以及可能遇到的困难。这样训练了一周后，处理问题效率越来越高，也很少再会抓狂了。

之后，某天下班后跟老大一起吃饭，他突然冒出来一句："前阵子忙没顾上，本来还想找你谈话的，没想到你自己调整好了。"我笑了笑，掩饰尴尬。

坦白说，我原本不是一个很有耐心的人，也不是一个擅长多重

---

① SWOT, strengths（优势）、weaknesses（劣势）、opportunities（机会）、threats（威胁）的缩写。所谓 SWOT 分析，即基于内外部竞争环境和竞争条件下的态势分析，就是将与研究对象密切相关的各种主要内部优势、劣势和外部的机会和威胁等，通过调查列举出来，并依照矩阵形式排列，然后用系统分析的思想，把各种因素相互匹配起来加以分析，从中得出一系列相应的结论，而结论通常带有一定的决策性。

② Q&A, Question and Answer 的缩写，意为问与答。

任务处理的人，很不喜欢被突发的事件和状况打破原来的安排，习惯了按部就班地处理完一件事情，再处理另外一件。但是那阵子，我不断地强迫自己，刻意地训练自己在不同事情上的处理能力，逼着自己每天进步。

因为，**在职场上，每天都是实战，每天都充满了变数，你必须擅长随机应变，必须要学会像电脑一样进行"多重任务处理"，你的每一天才会过得很顺畅，而不会总被工作逼得发疯。**

再给大家讲一个发生在身边的故事。

秦歌留学归来后，进了北京做家装的一家上市公司，担任副总裁助理，被超级工作狂的副总裁以各种残酷的方式训练和折磨了一年多后，终于得到了副总裁的认可。

2015年年底，集团进行战略调整，计划成立一家新的子公司，经营全新的业务模块，主打小资轻奢的简欧家装。董事会的消息放出来以后，有想法的人都立刻奔走起来。经历了好一阵子的惨烈厮杀，秦歌终于竞争到了新公司总经理的职位。

她以为事情告一段落的时候，游戏恰恰才刚开始。

你想啊？一个只在上市公司工作一年多的人，不管能力有多么出色，履历有多么好看，在公司那帮资历深厚的老员工眼里，她只是一个无足轻重的"空降兵"，一个运气好点的"海归"罢了，他们怎么可能会服从秦歌的调遣？

新公司成立的第一个月，是她最抓狂的时候。

秦歌开例会，布置任务，基本上是没什么人听的，大家也就是表面上敷衍一下，会后该干吗还干吗。那些人觉得她是外行，又是新人，凭什么管着从业 10 年甚至更久的他们？

她没办法，没人做的事情就自己做，经常在公司忙到很晚，累了就躺在椅子上眯一会儿，睡前还要定个闹钟，因为半夜还要起来跟德国的设计团队开会，沟通进度和修改意见。

那阵子，她凭借着超强的毅力和北京大妞天生的不服输精神，硬是把自己活成了一个超人，经常忙到忘记吃饭，每天只睡几个小时，做梦都在盘算项目上的事情。

可她心里也很清楚，这并不是长久之计。她一个人做所有事情的后果就是，就算把身体累垮，也不可能把每件事都做到极致，她必须找到一个突破点，证明自己的能力，让手下的人能带着几分信任和信服跟她一起做事情。

冷静分析后，她终于找到了一个突破点，一个被自己忽略的关键点。那些老员工最看不上她的理由，恰恰是她最大的优势。

他们认为她是个没资格的新人？但，正是因为她是新人，她的思维才没有固化，能够提出一些解决问题的新视角。他们认为她是个没什么本事的海归？可是别忘了，新项目是跟欧洲那边对接的，国外的行情这些老员工都不了解，而她的英语和德语都很好，所有的联系和协调工作都是她在做，而这些，都是她扳回局面的筹码。

之后，她换了一种全新的工作方式，更大胆，也更有魄力了，她不会在会议陷入僵局的时候，一味地留机会给老员工发挥了，而是发挥自身特长，直接提出全新的、有效的解决方案，也不会由着手下的人放任自流了，摊到谁头上的事情，就必须要做完，非常严肃地说明，这些都是和每个人的绩效考核和年底分红挂钩的。

经过了半年的磨合、调整，新公司的运营开始正常起来，通过不断地正确决策和高效率地执行，秦歌终于赢得了重要员工的几分尊重。工作不再是玩命，而更多的是拼脑力了。

职场上的每一个人，都会遭遇一些让人抓狂的经历。但是，冷静以后，我们会发现，那些看似很苦、随时让我们抓狂的时光，恰恰是我们用来崛起的最好机会。因为，你不是总有机会证明自己的，因为，逆境里的自我证明才是最有说服力的。

往往，一个人遭遇的职场困境越多，他开发出来的解决这些困境的模型就会越丰富，处理过的问题越多，再次遇到问题的时候，在反应的速度和思考的维度上就会有超出常人的优势，职场里的价值也就越高，晋升的速度可能就会越快。

所以，不要怕苦，不要怕抓狂，你不逼自己一把，真的不知道自己到底能有多优秀。

文 / 林夏萨摩

● 做好这些，你比自己以为的更优秀

　　每天早上是什么叫醒你起床？是梦想吗？是对你今天要做的事情的兴奋和憧憬吗？

　　很遗憾，对于很多人来说，这个答案是 no（不）。也许叫醒你起床的就是那个你无比厌恶的闹钟，也许你根本不知道你起来工作除了得到每个月的物质补偿以外还有什么其他意义，也许你想到今天要做的事情就有种莫名的烦躁和抗拒。

　　可是你何尝不想：

　　——每天早上非常兴奋地起床，对于一天的工作迫不及待。

　　——工作的时候忘记时间的流逝，进入一种彻底的专注和忘我的享受。

　　——感觉自己每天做的事情都充满了意义，并且让这个世界变得更好了一点点。

——和一起工作的团队或者客户不仅彼此了解，并且能够进行深层次的交流和互动。

——每天回到家不仅不觉得疲惫不堪，反而因为满足感和快乐而变得更加盼望明天的到来……

所以我们如何能让自己在每天早上起床时都无比兴奋和憧憬地去工作呢？我的答案是：重塑你现在的工作。

第一，重塑你的工作任务。

有些时候，你的工作任务看起来跟你的性格、天赋、兴趣和能力并不匹配。重塑你的工作任务的目的，就是让你现在所有的工作责任更好地跟你个人的特质契合。通常，要重塑你的工作任务，可以采用两种方式：改变任务完成的方式和添加或者减少某些工作任务。当然，具体的方式还取决于你对工作有多大的自由度和改变的权限。

Berg（伯格）、Wrzesniewski（瑞斯尼斯基）和Dutton（达顿）设计了一个关于重塑工作的实验，发现了人们对于工作任务的重塑主要有下面这两种方式：

第一种：改变任务完成的方式。

　　很多改变自己任务完成方式的人，通常都是用一种新的方式去完成他们的任务或者是更多地把注意力放在他们任务组成的哪一个部分。假设你是一个特别喜欢学习新鲜事物并且对网络和网上的工具很感兴趣的人，那么对于做产品的你来说，更多地使用网络和网上的工具以及学习它们如何应用就会让你的工作跟你的优势和特质更加吻合。说得更通俗一点，你要让你的工作内容更多地跟你的优势、天赋、性格、兴趣和让你觉得有意义的东西契合起来，通过改变你做事的方式，来改变你和工作的关系。

　　现在想一下，你应该如何去改变你的工作方式，然后让它更好地跟你的特质契合呢？

　　第二种：添加或者减少某些任务。

　　添加任务的本质就是在你的工作当中添加一些你真正喜欢或者觉得有价值的额外的工作。比如一个在非营利机构工作的员工说道："我们公司每年有一个午餐会，我就成了负责登记的人，其实这个工作我完全可以不做，但是我很享受自己能够很好地处理和协调问题并且很好地跟别人互动的过程，所以我不仅没有走，而是更加积极地参与这个工作。"很显然她没有必要去做这份额外的工作，但是因为它运用了她的优势并且满足了她对于挑战、控制和掌握的需要。通过管理登记，她增加了工作和自己的天赋的契合度。

现在请你想想，有什么新任务能更好地运用你的所有天赋并且让你觉得更有意义的呢？

第二，重塑你的工作关系。

Roy Baumeister（罗伊·鲍迈斯特）和 Mark Leary（马克·里亚利）在他们非常有影响力的文章《归属的需要：作为人类基本动机的人际依恋》中讨论了我们每个人需要跟别人交往和互动的需要。在工作中跟你周围的人建立更紧密、更积极的连接会产生更强烈的意义感和工作中的幸福感。跟重塑你的工作任务一样，重塑你的工作关系也分为两种：改变你的原有的连接和建立新的连接。

很多时候你会发现自己跟工作中的同事们可能像彼此分离的孤岛。你们可能每天都会见面却很少真正地交流，你们一起共事但是却很少有时间真正地互动。我认识的很多大学教授其实都面临这样的问题——他们面对电脑的时间，远远比他们跟学生和其他老师互动的时间要多。有没有什么办法让你可以跟工作中的某一个或者某几个同事更好地交流呢？

　　比如一起吃午饭，中午一起去打球并且探讨人生，为过生日的同事准备庆祝生日的蛋糕，组织每个家庭举行娱乐活动或者表演，一起参与促进成长的工作坊或者安排时间彼此敞开心扉地交流。当你发现你跟同事的关系改变时，你会更有工作的热情和动力。

　　还有一种方式就是建立新的连接。比如作为一个客服代表，你主动去结识那些负责接单的同事，因为你发现如果你更好地理解了订单的操作流程，你就能更好地跟你的客户解释并且更好地为他们服务。也许你没有必要认识这些同事，但认识他们并从他们身上学习可以让你更好地胜任自己的工作并且享受其中。

　　第三，重塑你的工作认知。

　　重塑你的工作认知最核心内容是重塑你对自己工作的认识和理解。你对你工作的本质、意义和影响的重新解读，就是重塑你的工作认识。

　　举个简单的例子，假设你现在的职业是广告设计，你当然可以认为你的工作就是设计一个能让更多的人看的广告而已，但你也可以这样解读你的工作："我对于美有一种独特的热情，我觉得我工作的意义就是改变人们对于美的看法，这个世界上不止有一种美，美可以是多元和不同角度的。我喜欢问别人："这是你能想出的全部的美的东西吗？还有没有其他的美的画面或者是形象？'"

一个具备戏剧性的例子是 Berg、Wrzesniewski 和 Dutton 的实验中的另一个旅游中介代理商，跟很多仅仅是把自己的工作看作是"忽悠别人出去旅游"的中介代理不同，她认为她的工作是为了更好地帮助那些抽出宝贵的时间和金钱去旅游，并且希望能够在这个过程中更好地享受跟彼此在一起的时光的家庭。

她说："我的工作是帮助这些家庭，让他们做出性价比最高的选择，同时让他们能够在这个旅行的过程当中更好地建立更深的连接，因为他们平时很少有时间跟家人整天待在一起。让所有来这里的家庭、朋友和恋人更享受彼此的时光，是我每天工作的最大动力。"

想想这两个例子，然后问问自己，是谁更能从工作中寻找到意义感呢？是把工作当成是打广告还是改变人们对美的认知，是把工作看成是忽悠别人出去旅游，还是帮助别人跟家人和朋友建立更深层联系的机会？然后请你再问问自己，如果你是老板，你更愿意雇用上面我所描述的哪个员工呢？

如何重塑你的工作？

第一，列出你的工作任务。

请你在第一张纸上列出你的工作任务。然后在最上面写上"现在的工作内容"。在下面列出三栏：低、中、高。

在"低"的那一栏里，列出 5~6 个不怎么耗费你精力的小事。

在"高"的那一栏里，列出 5~6 个很占用你时间的主要任务。

然后，把其他在中间的任务填在"中"的那一栏里。

举个例子，作为一个小学老师，你在"低"的那一栏里填了"摆放桌椅"，在"高"的那一栏里填了"准备教学计划和教案"，在"中"的那一栏里填了"给学生上课"。尝试着在每一栏里至少填写 5~6 个你的主要任务，然后在你完成之后，花点时间问问自己：这个表格看起来像我最典型的一天吗？

第二，列出你的天赋。

我们这里所说的天赋是广义的。请你在第二张纸上写下"天赋"两个字。它包括你的幸福、能力、性格和跟工作相关的价值观。这里，我们想再次运用 Berg、Wrzesniewski 和 Dutton 的理论框架，用动机、优势和热情来分类你的天赋。

在"动机"那一栏，请写出 5 条左右你工作的目的是什么，比如经济保障、幸福、有意义的关系或者是改变世界。

在"优势"那一栏，请写出你可以运用在工作中的优势，比如跟别人建立联系的能力、编程能力、解决问题的能力、协调或者是公众演讲的能力。

在"热情"那一栏，请写出最让你有热情的那些领域或者说那些让你觉得最感兴趣、最有价值的东西。比如帮助别人学习，指导别人，在混乱中创造秩序或者是创造性地做事情。

第三，整合你的工作任务和你的天赋。

这个练习的第3步工作，就是在第3张纸上写下"新的和要改善的"。你的目标是把你的工作任务和你的天赋更好地整合在一起，让你的动机、优势和热情都能在你的工作中有所体现。请你看看你在第1张纸上写下的现在的工作内容，然后把低、中、高的内容重新填写到第3张纸上，不同的是这次你要填的是你希望在每一项工作任务里投入的时间。比如如果跟家长聊他们的孩子在你"低"的这一栏里，但是你希望它在你工作中的比例能占得更大，这次你就可以将其写在"中"或者"高"的那一栏里。

请你努力地做到既有野心又很现实。如果你发现准备教案就是要花费你很长的时间，那么把它写在"低"的那一栏里也不太现实。但是如果你可以有更高效的方式（用高质量的别人准备好的教案或者是重新修改你之前的教案），也许你通过努力把它变为在你"中"的一栏里的内容。

当你在重新布局你所有的工作任务时，请为它们归类。比如"直接帮助学生"和"间接帮助学生"两个类型，然后开始想想如何把你写在第 2 张纸上的天赋（包括你的动机、优势和热情）整合到里面，比如你的动机之一就是想要有意义的关系，那么你可以在间接帮助学生那个类别里"跟学生家长交流"的这个任务联系在一起，通过跟家长和其他老师的交流，建立更多有意义的关系。同样，你解决问题能力的优势和你对于帮助别人学习的热情可以很好地整合到"直接帮助学生"这个工作类别里。当你完成了这个步骤，你就彻底地把你现在的工作跟你的动机、优势和热情整合到了一起。你会发现你能找到自己工作的动力和意义感，运用自己的优势，做着让自己充满能量的事情。

第四，开始行动。

当然我们最重要的就是行动。当你发现如何更好地把你的天赋和你的工作任务整合到一起时，对你来说更重要的就是真的把这些想法付诸实践。你可以找一些你信任的家人、导师甚至是职业咨询师聊聊你的想法，然后跟他们一起头脑风暴地想出更多的把你的天赋和你现在的工作更好地结合起来的方式。

工作就像婚姻一样。

一个很不幸的发现是，心理学家在无数的调查中得出结论：大多数人在步入一段婚姻之后，其满意程度都是逐渐下降的，但还有一个发现是，有大概14%的人不仅在结婚之后婚姻的满意度不会下降，反而还会更幸福。也许你要问，这些人跟其他人有什么不同？最大的不同在于，他们相信婚姻是需要我们每天都非常努力地去经营的——他们努力学习如何更好地沟通，如何处理不可避免的冲突矛盾，如何保持对彼此的爱慕和欣赏，如何保持彼此心理上的亲密。

我们的工作也是一样，即使一个人做着自己无比热爱的工作，也总有地方是他不够满意或者说不愿意做的，但是他还是要为了自己喜欢的事情而去做那些自己不喜欢的。真正让我们不断变得更幸福的工作，和让我们更幸福的婚姻一样，需要我们每天非常努力地经营。

现在你有了重塑你工作的被心理学家验证非常有效的方法，那么你还在等什么呢?

从现在开始，无比兴奋和充满期待地起床，因为你想到自己的工作，就能够想到那些你创造的意义和价值，想到跟你有着深深连接的人们，想到那些能运用你的优势的你的最好时刻，想到因为你的努力，今天的世界又会变得更美好一点点。

文 /Joy Liu（刘双阳）

● 所谓职业规划，赶不上现实的变化

当你感到困惑，对前途迷茫的时候，能改变你的，更大的可能是你学会一样新技能，这种技能能帮你更好地思考，更好地工作，更好地生活，对于年轻人，学习这样的技能可能比你拥抱情怀更靠谱。

第一，年轻人的人生规划，总是跟不上现实的变化。

我经常被新进入职场的新人，甚至是刚刚大一大二的大学生请教一个问题：请问我应该如何做好职业规划？

我在 1999 年读研究生时接触过职业规划的书，还很认真地做了我人生的 3 年规划、5 年规划、10 年规划，令我印象最深刻的一条是——我计划 30 岁结婚，在此之前男儿应该先立业，给未来家庭保障。你看我是一个多么传统的男人——但问题是，2000 年我硕士

刚毕业，就和现在的老婆领了证。你看，年轻人的人生规划，总是跟不上现实的变化。我们往往把人生规划、职业规划和能力规划混为一谈。

日本经营之神松下幸之助办了一个松下政经塾，1993 年 250 多人报名，只录取 5 人，学制 5 年，第一年没人教，结束时考一道题："你的人生目标是什么？"松下的逻辑是要做领导就必须知道自己的人生使命。啊，人生使命，还让别人花一年时间去找，这不是浪费生命？松下这种人有智慧，因为他懂得要做领导人，必须找到内心的愿景，找到一个愿意为之奋斗的大目标，这样才能激励一个人愿意站出来带领别人，挑战艰苦的长期的任务。普通人一想到浪费一年去找使命就会担心得要死，生怕别人这一年超越自己太多，这完全是杞人忧天。

第二，一个人跑得慢不是因为输在起跑线上，而是因为他没有内心认同的目标。

这样的人做再多的事情，也是这里发一下力，那里发一下力，无法形成合力，最终成就有限。不过大部分人是普通人，做人生规划是大挑战，也许要到 30 岁后才能想明白，那么在 20 岁左右，是不是应该先考虑一下职业规划?

按说这是非常对的,但是问题是在中国一个孩子读书读到18岁,除了几本教科书,对社会、对兴趣、对人生接触太少。十五六岁的中国青少年,文学经典没看过,摇滚没听过,老电影没看过;世界那么大,我只在地理课本里读过;生活那么苦,我只听妈妈抱怨过;我们对人生全无体验,又怎么知道自己偏好什么? 更要命的是,就算我以为自己偏好什么,也不代表你有能力拥抱你的爱好啊。

我弟弟16岁读医专,他经常抱怨我妈,说他的梦想是跳舞,他跳舞的确比普通人好太多,但问题是一个孩子16岁了,还没有经过舞蹈专业训练,学跳舞能出来吗? 太难了! 所以很多年轻人并没有意识到要做人生规划,最可能的途径是——请往下看。

第三,先做能力规划,再做职业规划,最后做人生规划。

我就是这样成长的过程,在大学毕业后的21岁到27岁,差不多7年时间我对做什么工作没有概念,我就知道做任何一份工作,只要单位不要流氓,我就有学不完的东西。等我做满7年,发现自己已经初步掌握了演讲、演示、写作、项目管理、时间管理等一系列相对通用的能力,加上一些专业知识储备,我发现我终于有能力选择我想做的职业方向，开启我的职业规划了。

当时我想成为一名有个人品牌的跨界专业人，就是做自己想做的事情都能做专业的人，所以 2008 年我退出软件行业，选择进入 IT 职业教育行业；我想了解大规模销售需要的营销传播手法，在 2008 年到 2009 年，我系统研究了各种广告，特别是网络推广手段，你们今天看到我擅长各种网络推广手法，其实都是那两年快速突破打的基础。有了这两年的基础，加上 2009 年我开始接触 PPT，我发现用 PPT 做切入口我完全可以做更大的事情——让更多大学生变成动手党，通过动手变成爱独立思考的人。这个目标够大，这可以算我的人生规划，我做一辈子都很难完成其中一小部分，但我愿意为这个目标坚持做下去。

从 17 岁懵懂无知上大学，到 32 岁我大致找到自己的人生目标，我用了 15 年，快吗？一点也不快，但是哪个人的一点点成绩不是这样一点点努力积攒的呢？

所谓能力规划，就是你的职业大方向都用得上的技能。

大叔马上满 40 岁了，不年轻了，我想给年轻人说一点自己的想法。

　　我觉得太年轻的时候不要着急去确定职业规划，我不反对你了解、尝试做一下职业规划，但我觉得你应该先分析你想去做的职业需要哪些能力或专业知识背景，比如你想做律师，你就需要先弄明白，律师需要表达能力吗？需要写作能力吗？需要懂一点心理学吗？律师的表达能力是哪一种表达能力（是公开辩论还是侧重逻辑）？律师的写作能力是哪一种写作能力？律师要懂的心理学是哪一种心理学（是犯罪心理学还是受害者心理学）？

　　如此分析下去，你就能把你的职业规划变成一系列能力规划和知识规划，在不同的时间你完成不同的能力练习，学习不同的专业知识，等能力攒够了，书读够了，你突然发现，你的职业规划水到渠成、豁然开朗。

　　老话说：没有金刚钻别揽瓷器活，花那么多时间整一堆虚的职业规划，还不如花在能力规划上。

　　还有一点要提醒大家，能力规划一分解，你会发现，好多职业需要的能力除了一小部分是专业知识，大部分都是通用能力，比如书面写作，比如口头表达，比如人际沟通，比如项目管理，比如时间管理，甚至高大上的领导力等，绝不是只有一个行业可以用，等你能力变强了，职业发展的道路也就豁然开朗了。

很多大学生问我学 PPT 有没有用？我往往回答你倒是说哪个行业现在完全不用 PPT？这是你的职场能力，不是代表你未来就靠 PPT 吃饭。靠 PPT 吃饭是个很小的就业市场，但是需要会做 PPT 这个职业能力的行业就比比皆是。

等你积累的能力足够多了，职业的路走通了，养家糊口自然不是问题，这时你人生阅历也丰富了，说不定内心的人生使命感也就自然而然激活了。那个时候你人到中年，觉得一切刚好，内心还有激情，还有火焰，而不是上有老下有小觉得一辈子蹉跎如此，一身负能量。

我觉得对普通人，这样的成长进化道路更加可行，更加可操作，你觉得呢?

人生规划，职业规划，能力规划，三个概念，你现在明白了吗?

文 / 秋叶

● 毕业 5 年，从月薪 1900 到月薪 50000

最近刚回一趟老家，感慨良多。曾经一起奋战高考的好友，一起谈论人生梦想的室友，几乎全部已经向生活妥协，娶妻生子，麻将消遣。当然不是说这样不好，只是环境和机遇对于人的影响，让人和人之间产生了巨大的差异。马上我要开始筹备接下来 3 年的工作计划和目标，和大家分享一下自己的感受。成功的经验很难复制，每个人的情况都各自不同，但是我想分享一下自己的故事，希望能对大家有一点点启发。为什么大学毕业以后三四年大家差别如此之大，我是深有体会，但是我想先从我个人的一些经历和心路历程开始说起。

先说我本人之前的情况：上海一所二本金融学校毕业，市场营销专业学生，2010 年 6 月毕业，经历过一段艰难坎坷才找到第一份工作，一个月工资 1900。

再说本人的现状：任职上海一家广告公司策略总监职位，管理 3 个人的小团队，月薪 50000。

相信比我厉害的人一抓一大把，除了这个薪资之外，懂行的人都知道这不是一份很牛的工作。说实话，广告行业良莠不齐，这个行业里会吹的人比做事的人多多了，大部分人都靠着"坑蒙拐骗"一路上位，我进这个行业后或多或少也受了一些影响，但是任何行业都有它自身的规则存在，无论你认同与否，当你浸染在这样的环境中时，就要学会这个行业的生存规则，否则就会被淘汰。

下面进入正篇，从我的求职之路开始写起。

我生于 1988 年，湖北武汉人，高考失利，一气之下一个人来到上海。当时来上海的时候无亲无故，身边的同学都是上海人，语言上面也有巨大障碍，那个时候光是融入这样的环境我就花了一年的时间。上了大学以后书没怎么读，倒是挺热衷于参加各种学校活动。由于喜欢商业类的书籍，便一天到晚泡在图书馆里，看各种商业自传、人生励志方面的书。那时候对这些都根本不懂，没有实战经验，所以看过就忘，但就是那时我开始对未来有了一些朦胧的想法。

后来学校里举办上海市大学生市场营销比赛，我和班上两个小伙伴组团参加。那时候凭着一份奇丑无比的 PPT 和自己喝酒壮胆以后的即兴演讲最终赢得了第 2 名。那个时候我开始意识到，也许未来我能在这个行业做些什么。

后来到了大四开始去实习，经朋友推荐去了一家 4A 广告公司，做策略实习生的工作。那个时候主要的工作内容就是负责帮忙整理 PPT，在百度上搜索各种新闻、资料，然后帮助 Team 其他成员打打杂，像贴贴海报，剪剪视频素材什么的。还记得那个时候的客户是联合利华，经常会有一些消费者调研的项目需要广告公司的人去跟，因此我有好多机会接触了一些市场营销类的工作。那个时候完全是冲着广告公司高大上的办公环境去的，也没考虑那么多。

后来事实证明，工作环境对我的影响是很深很深很深的。

回过头说实话，作为一个实习生，刚开始是什么都不懂的。每一个项目的流程，需要配合的人员、客户的要求、时间的安排等，我都不明白，只能从最小最不起眼的事情开始做起，比如帮助订会议室，帮助在网上收集开会需要的资料，帮助打电话去问其他兄弟公司的人要素材等。当时我做这些事情的时候完全没有想到它们会和广告这个工作有什么直接联系，后来才慢慢发现，这些都是彼此之间有内在关联的。

　　这实际上反映了很多做实习的同学一开始就会被困扰的问题：为什么都让我去打杂？为什么都做一些没有意义的事情？我的价值体现在哪里？

　　回答这个问题，我不得不先借用一下乔帮主的话（不是原文，是意思哈）：那些看似在生命中没有关联、微不足道的事情就像一个个散落在各地的珍珠，当我的人生向前展望时我不会把它们都串联起来，但是等到我回顾人生时，我必须相信这些片段会在未来的某一天串联起来，突然有一天让我豁然开朗。

　　这是什么意思？就是说当下我做的这些微不足道的事情，都对我未来的职业技能和生涯起到了至关重要的作用。正是因为我当时经常收集资料，整理 PPT，参与大家开会，渐渐摸清楚了做"策略"这个工作所需要的技能及工作逻辑，而这直接使公司的 CEO 后来对我印象深刻。

　　那时候公司的 CEO 要准备一个演讲，关于介绍迪拜、纽约、中国香港的发展历史以及它们的旅游广告。她需要这些城市和地区的历史发展脉络信息，发展变迁的标志事件以及文化故事，最后还要落到这些城市和地区的广告上面。

我当时并没有直接接下这个任务，而是了解了这个活动的背景、目的，以及 CEO 要演讲的时间。这些都是在我日常工作中总结出来的经验，在开始工作之前先问清楚，能够省去很多浪费的时间和精力。然后我就开始在百度上搜索，选出几个来源比较可靠的网站的长文介绍，然后以时间为节点摘取了这些城市和地区的重大变迁信息。接着我去一个大型旅游网站上找到了这些城市和地区的文化、消费等情况，最后再在一些广告行业的垂直网站上找了近 3 年来这些城市和地区的旅游广告，最终汇总成一份 25 页的 PPT 交给 CEO。

我记得当时她看到了我的"作业"之后，直接说："Fantastic，you are amazing！（太棒了，你做得很出色！）"当时还是很有成就感的，也不枉费之前加了两个通宵的班。

再后来由于其他的原因，我毕业以后没有能留在这家公司，但是这第一次的实习工作让我开始模糊地了解到一些职场上面的工作心得和思维逻辑，对我后来的职业生涯起到了很重要的影响。

2010 年 6 月，我正式毕业。像大多数人一样，我在网上海投简历。那时对简历的制作根本没有概念，用的网上的一些 Word 模版，写的内容也不专业，两个多月过去了，全是一些奇葩公司打电话让我面试。后来我的一个师兄推荐了一些包装简历的方法，还给了我几个模版。我从中选了个比较漂亮的模版，写好投了出去，才陆续有比较好的公司联系我。那时我才意识到包装简历的重要性，现在网上有一些像"历嗨"这样的简历包装网站，能够帮助大家美化简历。

在这里稍微说一下，可能曾在广告公司实习的缘故，刚开始找工作做简历时我会比较在意设计感。我不会 PS 或者 AI（图片处理工具）这些，就在网上找了模版，然后把自己的信息填进去之后就生成一个很好看的简历。这种形式对于我那时这种没有经验的应届毕业生而言很有吸引力，只是那时候我只是觉得好看就行了，没想太多，但是后来我经过了一系列工作的事情之后才明白"会包装自己"是一个很重要的技能，这个后面会细说。

隔了两天我收到一家在静安寺附近做品牌咨询的公司的面试电话。公司刚在上海起步，我当时是被那里高大上的办公楼吸引，便义无反顾地去了，那时候的工资是 1900 元人民币。

看到这里也许很多人觉得我傻，1900 元一个月能在上海干啥，温饱都困难，但是我那时没考虑这么多，我喜欢这样的工作环境，宁愿拿少工资。环境对一个人的影响是很大的，长时间耳濡目染在一个比较高素质的环境里，接触的人和事物层次都会不一样，这对将来自己的职场走向和发展是至关重要的。

那时候我的工作是品牌策略分析师，就是做很多的案头研究的工作，说白了就是在网上收集整理资料，然后把它们放在提案 PPT里，看上去很简单是不是？但就是这样一个简单的工作我被我的主管骂了整整一年。

这是怎么回事？先简单介绍一下我的主管的背景。她毕业于人民大学，后来去读中欧商学院的 MBA，曾在一家国际非常知名的品牌咨询公司担任策略总监的职位。她是一个非常讲究逻辑的人，非常看重"因为，所以，然后，从而"这种逻辑关系链，而我刚开始写 PPT 的时候是没有逻辑联系的，想到哪里写到哪里，并且在遣词造句上都不准确。因此，每次她看到我提交给她的方案的时候都会说"这一页你到底想告诉我什么""这两页前后有什么关系""你这段话写了跟没写一样""我说过了你怎么还是犯这样的错""你有没有长脑子""你简历写得挺漂亮的，怎么做的 PPT 这么丑"，再加上她是个脾气比较火暴的人，声音很响亮，可以说我每天都生活在水深火热之中。

那个时候觉得自己之前好不容易建立起来的信心一瞬间被摧毁了，觉得自己什么都做不好，每天被骂。有一天，我老板给我推荐一本书《金字塔原理》。

这本书是麦肯锡经典的培训教材，强烈推荐。整本书就讲了两个逻辑思维方法：归纳和演绎。看完这本书之后我顿时醍醐灌顶，工作中犯的错也渐渐少了。那个时候我开始有了思考的全局意识，慢慢学会从项目的全盘去考虑问题。往后的工作里，我也越来越得心应手，接连为公司赢下了几个大案子。我最后做的一个案子还记得是和两家国际品牌咨询公司的比稿，整个方案我一个人花了一个月时间完成，最终击败了两家大佬，拿下了客户。后来在这家公司工作了一年多以后我决定离职，老板百般挽留，把我的工资提高到6000，但是我还是因为想有更广阔的发展而婉拒了。

这段工作经历我总结了一下——很好地培养了我逻辑思考的能力，使我在日后遇到工作中的任何问题都能清晰地一步步去进行拆解、分析，从而找到解决方法。这个能力其实越早拥有越好，会省去非常多不必要的麻烦，并且容易给人留下深刻的印象。我接下来做的第二份工作，则教会了我包装自己的能力。

第二份工作是在一家外资公司，我的直属老板是个美国混血，大帅哥，之前曾在美国 W+K、CP+B 等世界知名的广告公司工作。他跟我之前的那个老板最大的不同在于，他是一个很会包装自己的人，大学念的是艺术设计，后来转行做的市场传播，做出来的 PPT 非常漂亮。

我跟随他两年，别的没学会，就学会怎么做高大上的 PPT 了。一开始我是照猫画虎，学着我老板的版式模仿，后来慢慢地自己会去一些国外的网站看人家做的东西，把排版啊设计都记下来，形成自己的风格。其实"包装美化"是个很重要的东西，在现在的商业社会，大家都是在看"脸"。

这个"脸"不仅是你长得如何，也是你做出来的工作成果如何。"好不好看"直接影响别人对你的专业度评判。

我经历过无数次知名公司的提案工作，客户对于你的工作产出都有着很高的期许，一份漂亮的提案文件直接代表着你们公司的形象，所以这方面下一番功夫是很有必要的。

　　我在这个公司经历的另外一个很大的改变是：我开始自己去和客户提案了。我老板不会说中文，因此很多国内的客户需要我去代替他提案，这锻炼了我演讲的能力。第一次提案的时候都是很紧张的，我恨不得把每一张 PPT 上面的内容都背下来，然后变成 2~3 句话。那个时候我经常在家对着镜子自己演练，久而久之，就熟能生巧。后来我做到提案前一个小时看一遍材料然后马上就上去讲，这个时候我的工资也由刚进这个公司时候的 7000 变成了 16000。

　　当我掌握了"逻辑推理"和"美化包装"这两项技巧之后，突然觉得自己上升到一个全新的层次。接下来的半年里不断有猎头打电话开始挖我，我后来跳槽到一家做汽车的广告公司做资深策划，工资也变成了 25000，开始带领做一些大的项目。由于之前有足够的经验积累，做得都比较顺手。

　　在这家公司我待了一年半，后来有一个与我关系很好的猎头朋友挖我去了一家知名的广告公司做策略总监，工资一下子翻倍变成 50000。

　　到了这个时候，我职场的道路开始就变得很宽了，自己也开始带人，指导下属如何去收集资料、写方案等这些当年我实习时候做的工作。这时候的我看问题的方式和角度也与之前有了很大差别，注重效率，注重结果，不再纠结于日常琐碎的工作内容。奋斗到这时，工作更多看的是未来、是平台、是发展，而不是眼下的工资。当然对于很多刚毕业的同学来说，工资也很重要，我是绝对赞同的，但是随着经验的增长你会发现，工资开始变成第二重要的东西，第一重要的会变成你擅长做什么，你喜欢做什么，然后才是通过做这些你能获得什么回报。

记得很早以前，一个行业内很资深的猎头跟我说过一句话："年轻人刚毕业时的工资都是少的，但是等你过了 5 年、8 年之后再去看，你之前那些年损失的钱你马上就能全部赚回来。"

这一点我是真的深有感触。

学会摸清楚规则，从最小的一个项目的规则开始，到一个团队的规则、一个公司的规则、一个行业的规则。同时学会包装自己，从最简单的简历开始，到后面的工作文件，Excel、Word、PPT，这些都将是代表你的职业形象，所以"好看"并不只是一个表面功夫，里面有着很大的学问。

现在回到主题最开始的问题，为什么毕业 3 年之后大家的差距拉得这么大？因为这 3 年是你人生打基础的阶段。刚开始 3 年你所处的环境，所学到的知识，所遇到的老板，都是为你以后的职业人生做铺垫，这个时候的你就像一张白纸，社会和工作就是笔墨——头 3 年的经验是打底，是决定你的人生画布应该怎么画，后面是加工、装饰和点缀。

大学时因为大家所接受的教育，所处的环境差不多，因此差异不会很大，可是毕业以后走上社会了，就全凭个人造化了。当年毕业之后，来自外地的同学几乎全部回去了，上海的同学也都大多进入了家里父母安排的工作，像我这样从一无所有开始找工作的算是少数，因此个中的辛苦我的体会也比较深。

拉开差距的不是时间，而是经验。在这三四年里，我比我的同学经历了更多失败、更多挫折，但是也收获了更多，我才成为今天的我。人从来都不能改变事情，只有事情改变人，经历的不同，才会导致最后差距的不同。

文 /Chazy cheung（张鹏）

指南——改善、优化、提升更好的你

● 如何成为一个有趣的人

　　王小波说："趣味是感觉这个世界美好的前提。"

　　一个人若是被外界评价为"有趣的"，那便是一个极高的评价了。

　　许多评价词语都有短板，比如，你被人评价为"勤奋的"，此词虽为褒义，但它不会让人满意，反而会觉得对方有挖苦意味，你会想："我明明是个天才型选手，可你竟然说我是因为勤奋？"

　　再比如，你被人评价为"善良"，同样的褒义，却也让人不舒服。你会觉得对方将你误认为傻白甜，或浸在池子里的白莲花。你想："既然说我善良，那我偏要邪恶给你看看。"

　　有的词，太硬，像"勇敢""坚强""正直"。

　　有的词，太软，像"可爱""活泼""美丽"。

　　正因为这样，我才觉得，"有趣"是对一个人的最高评价。

男女恋爱，女的要是找了个有趣的男人，日子那叫过得一个有滋有味。在他的面前，世界有 100 种解读方式。有趣的男人，逗你开心，挑起你的笑点，激起你对世界的热爱。跟他们相处，就像喝着一碗永远鲜美可口的甲鱼汤，从来不觉得腻歪。

和无趣的男人相处，则像嚼着一块硬邦邦的过期腊肉，自己牙齿嚼得生疼，又无法丢弃。他们的约会方式十分陈旧，弄来弄去就这么几个花头，一开口便是老掉牙的"恋爱套路用语"，没有过多的经历，没有过多的热情，持有一种保守而僵硬的态度。跟他们相处，能一眼望到生活的尽头。

亲人、朋友、爱人，不论是哪一种身份，只要那个人是有趣的，你就能永远笑得像 18 岁那样天真。你从他们身上看到了光亮，感觉生活并非索然无味，像是梦见一场春雨降临，清爽、微凉、舒适。

如何成为一个有趣的人呢？

第一，永远保持内心纯真的部分，解放自我的身份。

杨绛曾经写过不少关于钱钟书的趣事，其中最有名的当属"钱钟书帮着自家猫咪打架"。

夫妇俩养过猫，有一次，自家猫咪半夜和别家的猫打起来了，钱钟书怕自家猫咪吃亏，拿着根长竹竿，跑到院子里帮着自家猫咪打架。邻居林徽因家里的猫，经常被钱家的猫打得屁滚尿流。

每个人生下来都是会傻笑的婴孩，尤其是儿时的童心，不受任何事物束缚。也许你小时候对猫狗打架这种事感兴趣，甚至还会蹲下来观战，但长大了就不会了，因为这对你而言，没有任何利益可言。

成年人的思维方式就是"趋功利化"，同时也是"去纯真化"的。他们只考虑利弊，而自愿放弃生活的趣味。从这方面来说，**想要成为一个有趣的人，要手握童心，胸怀赤诚。**

不要固守身份标签，要勇于做"出格"的事。

我曾经看见一个年近 50 岁的刑法学教授，在讲台上说黄段子。

曾看见一个其貌不扬穿着格子衫、阿迪鞋的程序员，在众目睽睽之下表演街舞。

还曾看见过一个颇有名气的中国作家，在讲座上聊一些"二次元"的梗。

这都是一种身份冲突所造成的美感，趣味由此发生。

第二，不要用常规的眼光看待事物，保持好奇心。

摆脱一种思维定式，跳出旧有格局。随着时间的推移，我们对许多事物的感知会钝化，对万物习以为常。

周耀辉是香港非常有名的一个词人，不像林夕那么出名，但我个人对他较为偏爱。

他出过一本小书，叫《7749》，里面有很多充满创意和趣味的小练习。看完这本书，你会惊讶于此人的有趣。

在一篇名为《感官世界的地震与海啸》的文章里，他提到身体的使用应当是没有限制的。也就是说，人类对于眼耳口鼻手脚发肤过于习以为常，所以局限了它们的功能。

"你试过一丝不挂地游泳吗？"

"你试过用舌尖舔 10 遍自己的掌心吗？"

"你试过被 30 根指头按摩头颅吗？"

这些都是在他书中提出的关于感官的想象。

"你是否有试过在黑得伸手不见五指的房间内，和一群陌生人吃晚餐，什么都看不到，重新体会所吃所喝。"

在 In the dark《在黑暗中》这一篇里，他提到了上面的这个做法——消除日常的感官体验，进入全新的世界，更新对生活的认知。

里面的创意训练多得数不过来，周耀辉在传递一种讯息："生活，的确是有无限可能的。"

不要用常规眼光看待事物，是变有趣的前提。

第三，除了摆脱思维定式，你还可以摆脱语言定式。

几乎每一天，我们对每一个生活中会遇到的人，形成了一种固定的、僵化的语言思路。

你遇到同事就会说一些老套的话，比如"早上好""饭吃了吗"。

打趣的话也是相当枯燥而乏味。你看见同事穿一身黑色西装上班，对他说："你今天穿得真精神！"而不会说："你今天穿得像个黑衣警探！"

改变僵化的语言，就会产生趣味性，也是在间接改善人与人之间的关系。

第四，拥有广泛的知识面。

有些人误解有趣，认为有趣就是没事儿讲讲"糗百"上面的笑话，或者荤味十足的黄段子。不是的，一个有趣的人，肚子里得有墨水，要有广泛的知识。

你一定有过这样的体会，听一个有趣的人讲话，他说得滔滔不绝，你听得津津有味，就是这样的感觉。

拥有知识，不代表拥有趣味。

但是拥有知识，就等于杜绝了无聊。

无聊无聊，无话可聊。

一盘烧鸭摆在桌子上，除了知道它好吃，你对它一无所知，什么都说不出来，只好乖乖跟从动物性的本能，把烧鸭吃得干净，最后红光满面地走人。

有趣的人往往善于把话题引向一边，然后把你带入他所理解的世界。

《雅舍谈吃》的第一篇文章讲的便是烧鸭，梁实秋从严辰的词讲起，谈及烧鸭的产地、运输、做法，以及哪儿的烧鸭做得好吃，吃它又有何讲究……仅是一盘烧鸭，就能讲出这么多门道，跟这样的人在一起吃饭，哪里会无聊呢。

同类的书不少，像汪曾祺的《食事》《人间滋味》，以及焦桐的《暴食江湖》和 M.F.K. 费雪的《如何煮狼》，还有大仲马的《大仲马美食词典》，写美食都写得特别好，而不仅仅只是说"好吃"。

有趣，一定要有聊，那得靠一定量的知识储备，才能随时讲出有料的东西来。听他们说话，会有一种扑鼻而来的新鲜感。

第五，成为一个性情中人，有自嘲自黑的心态，随性而动，率性而为。

看《浮生六记》中的《闺房记乐》，感觉沈复和陈芸这对小夫妻太有意思，生活里那些点滴的趣味，读来使人发笑。

沈复是文学家，在那个年代，陈芸是与沈复旗鼓相当的女人。两个人聊文学，有来有回，相当精彩。沈复爱陈芸爱得痴迷，因为她是个有趣可爱的女人。

这种有趣，来自知识、涵养，还有超出同时代女子的格局。

自己本来是什么样的，表现出来就是什么样的。有什么小缺陷，也不必掖着藏着，大大方方地说出来，趁着别人说出来之前，自己先黑自己一把，既表达了自己的人性，又愉悦了别人。

相反，刻意地表现出高大全的样子，恰好是最为惹人厌的。

自黑谁都比不过高晓松，微博上晒了一堆"对世界充满恶意"的自拍照，可这也没影响他的事业，反而吸来一堆脑残粉，评论栏里纷纷高呼男神，这就是自黑的力量。

他自黑了之后，没招人讨厌，反而觉得：咦，这胖子原来还有这一面，他也蛮有趣的呀。

刘瑜也是个爱自黑的人，她写的随笔我喜欢放床头，没事儿睡觉前翻翻，有时候会笑得跟傻子一样。因为这女人写得太真实了，全都是那些细腻的、真实的，甚至带点小猥琐的心思。

她黑自己虽然是个女博士，但看书也时常前看后忘；黑自己的身材，说自己要胸没胸，要屁股没屁股；黑自己是大学宿舍楼里的居委会大妈……

总之，黑自己黑得漂亮，也是门手艺。

你不妨在日后观察一下那些你认为"有趣"的人，他们说话时，从来是把说出的话当作标枪，投向自己。在你和他交流的过程中，他不经意地黑自己一下，又黑自己一下……

你不断地发现他的坦诚与缺陷，不断地靠近他，最后，好感自然而然地产生。

因为我们都是不完美的人类，我们喜欢和那些不完美的、真实的同类在一起。

第六，放弃功利的思想，变得温柔。

这其实是一个态度上的问题。

真正有趣的人，都是温柔的人，多年来的经历已经让他们呈现出一种别样的风貌，一种包容性极强的价值观。

　　他们宽容，有同理心，愿意掏出爱心给世界增添点温度，多添些柴火。

　　我见过各式各样的人，同龄人，比我年长的，很多人都无趣、不快乐、活得衰败。

　　他们是"功利主义"的信徒，只追求利益最大化。他们不愿意体察生活，只是一个劲地在那儿爬。

　　他们理解的生活，不是今天我赚了多少钱，就是明天我是不是比你强，比你成功，他们把世界理解成了赛道。

　　他们讨厌旅行、讨厌读书、讨厌看展，以及讨厌任何带有理想意味的东西，因为这些都没啥用。他们不需要乐趣，因为金钱足以满足他们的所有需求，满足他们对世界的想象。

　　有趣的人呢，却只是为了取乐，这种单纯的"取乐精神"，胜过名利场的一切。**趣味即是美学，放弃功利心态，才有空追逐美的东西。**

　　生活百无聊赖，因为过它的人正蓬头垢面。

　　生活万种风情，因为过它的人，有趣，有味，生活因此而长久新鲜。

文 / 陆 JJ

● 当你不敢拒绝的时候，你在害怕什么

　　曾经看过一个电视节目，主题是调节朋友之间的矛盾。先是一个衣着朴素的年轻女孩上来诉说自己总是不受好朋友尊重，然后她的好朋友上台，那女孩打扮入时，两个人站一起明显就是小姐与丫鬟的关系。听了自己好朋友的心声，漂亮姑娘还是不以为然，还大言不惭地说："我平时说你都是为了你好。"她觉得她不漂亮、没品位，就应该接受她的"指点"。面对好友刻薄的言论，小姑娘都快哭了，但当主持人问道："你以后还和她做朋友吗？"那个女孩子依然表示要继续做朋友。

　　看了叫人堵心，真想像龙应台那篇著名的文章一样，大叫一声："姑娘，你为什么不生气？"

　　不生气，不是没有气——要真一点意见都没有，对一切都甘之如饴，就不会上这个节目了，而是不敢生气，不愿意拒绝。

像这种默默忍受委屈，只知道诉苦，诉苦后一切照旧的人，被叫作包子。包子们的共同特征就是不会拒绝别人，哪怕在一般人看来只是一个简单地说个"不"字的小事，对于他们来说都是要命的事。比如有位正在上大学的女孩说："一个大学室友平时人品不好，总是恶毒地在背后算计我们，所以当她遇到困难的时候谁都不帮她，她求到了我，我也不想帮，可是又不好意思不帮。"

人家都好意思不帮，为什么她就做不到呢？她说，因为自己善良，总是受不了别人受苦，一旦看到别人遇到困难，不帮就觉得良心上过不去，可要是帮了，自己心里又觉得不是滋味，毕竟对方是伤害过自己的人。还有人纠结更小的事情，以前博客上有一个网友问我："晚睡，你说当别人问起自己的收入时应该怎么回答，有的人就愿意打听这些事，但是我特别讨厌。"我觉得这个问题简直太简单了，简单到根本不值得一提，随便打个哈哈就好了，难道对方还能伸手到你的兜里去掏工资条不成？可她真的觉得很烦很烦，本可以随口说出句应酬话而两全其美的小事，已经上升成为影响她的生活质量和心情的大事了。

这些不懂得拒绝的人，总是被这些事逼到角落里，怎么选择都是难过。

不会拒绝的人有一种气场，像一大群羚羊之中最弱的那只小羚羊，很快就会被狩猎者盯上。有些人经常会抱怨："为什么别人会那样毫不客气地欺负我？"原因很简单，就是因为你不懂拒绝，即使对你不好，欺负你，你也从不反抗，这种不亏本的买卖谁不愿意做啊。这个世界的恶人是依靠弱者而存在的，欺负与被欺负是一个相对的概念。

曾经有位已婚的女人给我写信，她写道："因为忘记叫老公起床，导致他迟到了，他起床后冲我破口大骂，把我全家都问候了一遍，把我递给他的袜子扔到我身上，我却对他的行为坦然接受，在他边穿衣服边破口大骂的时候，帮他递衣服、收电脑，在他把袜子扔到我身上摔门而出的时候，我依然下楼给他送伞。他下班回家后像一切都没发生一样和我说话，而我也接受了他漠视的态度，和他如往常一样吃饭聊天。只有在给你写信的时候我才哭出来，感觉自己是如此的可怜，我为什么会允许他伤害到我？我为什么会把这种伤害当作生活的常态并习以为常？"

无须我来评判，在写信的这一刻，她已经深刻感觉到了自己的悲哀，并不在于男人的冷酷和暴戾，而在于自己的无能。

　　她为何不反抗，为何不抗议被这样对待，这些不敢拒绝的人，他们在害怕什么？

　　第一，他们害怕失败。

　　不拒绝，往往并非因为善良，症结往往在缺乏自信上。他们认为，拒绝意味着激怒对方，而激怒对方意味着将不被对方接受，不被对方接受的结果就是证明自己失败。其实这就是一个自觉很失败的人绕了一个很大的圈子来证明自己不失败，却因为习惯性地取悦别人，毫无原则，便容易被人群忽视、漠视和侵犯，给自己内心带来了强烈的焦虑和冲突，反而会让本来就不多的自信心遭遇更加沉重的打击，活得更加失败了。

　　这是一个死循环，而且越走下去这个死结就打得越紧。

　　第二，他们还害怕改变。

　　那位忍受老公辱骂的妻子，害怕离婚。那位忍受朋友刻薄的女孩，害怕失去唯一的朋友。他们觉得改变等于未知，未知等于危险，这种发自内心的对于生活的胆怯和无能，让他们宁愿选择屈服于目前任何一股强大的力量，不去反抗。他们总以为用忍耐就能换来对方的一点同情，从而息事宁人，但结果永远是事与愿违。人性的恶，在被纵容和不加遏制的情况下会走得无限远。

第三，他们更害怕被否定。

那些老好人们通常都有较高的道德标准，他们轻视自己的感受，一味地奉献自己，却并非是毫无所求，他们求的是别人的承认和自己道义上的圆满，并为此沾沾自喜。比如我妈，一切委屈都在别人夸她一句贤妻良母或者一句赞扬中得到有限的补偿，她是如此满足于自己伟大的美德。在他们看来，既然对别人付出是一种损失，毕竟不是所有的人都愿意做的事情，而能够承受这种损失，忍受住委屈和痛苦就是考验美德的最好尺子，所以他们的软肋就是见不得别人说自己不好，"吃亏就是占便宜"这种名言常常被他们曲解，亏是吃了，便宜却永远不会来。

这个世界，永远是有人活得爽，有人活得憋屈，即使在相同资源的情况下，拿一手相同的牌，不同的性格也能打出不同的结果。

我相处 20 多年的死党，就是一个活得倍爽的人。她很热心，很善良，爱帮助人，但一切都是在自己的能力范围之内，绝不超越自己的能力来打肿脸充胖子。

　　她即使对着我这个几十年的老友，也一样坦白，能做到的事，就是做到，做不到就是做不到，你说多少废话她都不为所动。我们在一起吃饭，说好谁买单就谁买单，从不像有的朋友之间那样抢着买单，然后抢上了心里就不舒服。我借她钱，忘了还，她直接摊手要："欠我 100，还钱。"

　　有人看见了，惊叹道："你们这么好还差这点钱吗？"不，这不是钱的问题，我们已经像亲姐妹，互相给予的金钱和物质数不胜数，但说借就是借，该要就得要。有些人嘴上不好意思要，心里憋屈得要命，反而伤害友谊。我很欣然掏钱，因为她从不委屈自己，也从不会让我置于失了分寸的地位。这样的朋友，相处起来真舒服。

　　谁都想活得爽，谁都不愿意憋屈，我死党就是最好的榜样。她心灵强大，自信十足，从不需要别人来为自己定位。忘记是谁说过，人在世界上有两大义务：一是好好做人，二是不能惯别人的臭毛病。这些她全都做到了，想要的她都争取，不想要的断然拒绝。她活得坦荡，心中没有恐惧，恐惧就钻不进来。

文 / 晚睡

● 怎么才能发自内心地喜欢自己

什么因素让我们喜欢自己？

先从理论上诠释这个概念：一个人怎么会喜欢自己？我们常说的"我"的概念是什么？大体而言，人们一般指的"我"是一个思想上感知到的自己的意识和思维。

我把"自我"分成三个部分：

第一，社会的自我（我们在社会中所处的关系，地位）。

第二，属于物质的自我（我们的衣服、身体、所有物）。

第三，精神的自我，即个人的内心和主观存在，是个人心灵和思维的集合。

那么怎么让自己发自内心地喜欢自己呢？我们可以改变许多东西达到目的，最重要的几个：肢体、言行举止、衣着、生活态度和方式以及亲密关系。

哪一种东西使得我们赞赏自己？换而言之，我们需要弄清楚是谁桥接了"精神的自我"与"物质和社会的自我"。我们喜欢自己，喜欢自己的身体，喜欢自己的言行举止，喜欢我们的衣着，喜欢自己的生活态度和方式，其中哪个东西起着关键的作用？答案显而易见，是可掌控的感觉。喜欢自己的原因，来自对掌控自己的一切的感觉。一个简单的论证方式，就可以得到这个答案。我们如果失败，却并不会讨厌自己，可能会抱怨运气糟糕；但是如果我们明显因为自己的失误而失败，那么我们就会讨厌自己了——我们丧失了对自己的控制。

如何做才会让我们喜欢自己？

第一，从小事开始，严于律己。

这是增加掌控感最基本的开始，人的自信心本质上是一种掌控感，自信这种东西，来自成功的积累，掌控感亦是如此。这并不是要你做什么都上纲上线，而是要你每天设置几个小目标，哪怕很小很小，比如洗袜子、洗盘子、自己做饭、去外边溜达溜达……在你做这些小目标的时候，你会渐渐感觉到自己能控制自己的身体，能控制自己的思维方式，控制自己的生活，而不再是被周围的东西牵着走。

第二，控制你的时间。

一个最具启发性的东西，是对于玩手机和刷网页的控制力度。有没有这种感觉，玩手机和刷网页的时候时间过得特别快，有时候不知道自己干了些什么，时间就流失了。这种对时间丧失控制的感觉，会让你变得越来越消沉。这个时候，一定要限制自己不受控制地接触自己毫无抵抗力的东西的时间。

如果你总是把时间浪费在玩手机上，那就限制玩手机的时间，定一个具体的时间玩，其他时间不接触它；如果你把时间浪费在游戏上，那你就定一个时间，在这一个时间内玩；如果你把时间浪费在和朋友聊天上，记着，找一个固定的时间见你的朋友。

这样做有两个好处：一是增加你的控制感，增强你的自信心；二是可以让你更加尽兴，因为随着时间的缩短，你会在做这些事情时特别专注，这是人的大脑的一种自觉的反应。

第三，让生活规律起来。

道理其实在控制时间里已经能够解释了，可以让你更加专注。

之所以在这里拿出来说，是因为让生活规律起来还包含很多东西，比如，让进食时间规律起来，让睡眠时间规律起来。这种规律性，是为了调整一个人的生物钟，调整一种周期性，增加自我控制感。

　　一些朋友总喜欢熬夜，总不按时吃饭，无形中就会打乱生物钟，也让自己的时间概念混乱，从而减少了自我控制感，长此以往，身体也毁了。让生活规律起来，等你老的时候你就会明白这是多么可贵，"知乎"上有人说："没有什么工作非要熬夜来完成。"这句话非常对。

　　第四，参加运动，多锻炼身体。

　　人的控制感，很大程度上是间接地通过身体得到的。我时常奇怪为什么那些运动的人往往很开朗，也更快乐。后来我在玩乒乓球时突然明白了，这是对控制力的增加。人在运动的时候，会感觉到自己对身体的控制力，而且随着这种运动的深入，技术的提高，对自己身体的控制感越来越强。最后，这种控制感泛化到生活的所有环节，从而增加了快乐。

　　现在，你明白那些运动的男性和女性的性格更加活泼、更加快乐的原因了吧？

　　再说一句题外话，运动能够增加性魅力，懂了吗？记不清在哪里看了一个比较"歪"的结论，两性魅力来自3个方面：运动、外貌和性生活。为何程序员和屌丝青年往往没有魅力？这里的原因很复杂，但我觉得，长期从事枯燥单一事情，并长期不进行体育锻炼，从精神到身体疲软，缺乏控制感的增加，面黄肌瘦，能有魅力才怪。

运动还能锻炼人的性格、气质等，但由于篇幅所限，这些东西都不讨论了。

第五，吃饱饭。

你没看错，你没看错！我可以很负责地说，没错，吃饱饭，一切控制感的最基础的一点就在这里。因为人本身是一个物质体，他的控制感如果用应用生理学解释，不过是一种神经信号，那么人的这些神经信号的基础是什么？我不是学这个的，就不掺和了，但可以肯定的是，这种神经信号是一种物质，无论是蛋白质还是其他的东西，它的基础是营养物质。

为什么人在挨饿的时候先分解脂肪，然后分解蛋白质？因为蛋白质是组成人的组织的核心东西。你可以观察挨饿的人，他们面黄肌瘦，精神匮乏，毫无魅力可言。因为他们缺乏合成神经信号的营养，缺乏合成"控制感"的激素性东西，自然也没有控制力了。

吃饭多的人，他们的身体更健康；健康与吃饭多是互相促进的，你不健康也吃不下那么多饭不是，而人的健康，是一个控制力的基础性因素。

另外研究发现，人在饥饿状态下，行为倾向于表现为单一的应激模式，不懂得变通——饥饿本身影响认知思维的效率。

第六，亲密关系。

人们幸福的源泉，是对亲密关系的维持。想想永远有一个人懂你、爱你，你们相互支持，相互欣赏，这样的人，怎么能过得不快乐？

对那些各个领域最成功的人物的研究，目前只有两点确定是类似的：一是对自己领域有超越常人的热情；二是在家庭和学校时，往往有一个非常鼓励他们的人。

中国古代所谓"先成家，后立业"，是有一定道理的。婚姻是亲密关系的一种，朋友等亲密关系也有助我们提升自己的幸福感。

当我们完成了建议之后，我们还要思考其他的问题：这一切的举措中，起到最核心因素的是哪一个？有没有一个原则，可以涵盖上面的举措？

答案是：让一切回到它应有的位置去。

手机的作用是什么？恐怕很难定性，但它肯定越了哪个界限，侵犯了我们的时间观念。社交的作用是什么？这更加难以定性，但它肯定越了某个界限。周围的一切的一切都应该有个界限，这个界限，应该由我们自己的主观价值观去定。当我们定了这个界限，并按照这个界限去行动时，控制感就出现了。

所以，给我们最终的启示就在这里，思考每一件事情的位置，然后让一切回到它应有的位置去，这就是我们喜欢自己的真实原因。

最后说一点私货吧。

我认为，一个人幸福，不产生焦虑、恐惧等一切负面情绪的原则是——保持一致性。行为上的一致性、思想上的一致性等，当你有了这种一致性，控制感出现，你就会喜欢自己，也更加快乐。

另外，要让这种一致性符合客观事实，这也是为何让一切回到它本来的位置，尽管这种位置因个人价值观不同而异，但不可偏离事实过多，否则就会遭受现实的打击。

我想，人生的苦难，皆可由这种态度战胜，那就是——绝不质疑自己的选择，也不对选择后的结果有任何抱怨。

文 / 陈卓

● 如何建立、维护一段好的关系

　　说来很奇怪。中国是一个极其看重关系的国家，却很少很少有人教你如何建立、维护一段好的关系。

　　也许是因为，中国人的关系不是建立起来紧密关系，而是挤出来的紧密关系。农耕民族的国家不像游牧民族，大草原上两群人遇见，好就聊几句，不好就散开，不对付就打一架。人与人之间先是自由独立，然后喜欢的逐渐靠近。

　　因为土地的关系，国人的世世代代被绑在了一起，这种关系的酸甜苦辣都在这里发酵，历代流传到你手中已经是一大坛子类似酱豆腐的东西，香里有臭，臭里有香，亲切和怨恨都源远流长——这就是紧密关系。另一个让中国人关系更加紧密的东西是地理因素。中国是四大文明古国里唯一一个河流流域是东西向的国家，其他三条——两河流域、尼罗河、恒河与印度河都是南北走向为主。南北走向的流域让沿河的人倾向于在季节变换的时候向上下游迁徙；而中国的长江、黄河边的人没有什么好迁徙的，一旦黄河结冰，从上游到下游都冻上了。你还是好好待在原地吧。

所以中国人之间的关系不是建立起来的，而是挤出来的，你一出生就已经生活在各种关系中间，挥之不去。我们这个民族虽有好人坏人之分，但是更加底层的逻辑是"自己人"和"外人"。如果是外人，那就放入道德里去评价；如果是自己人，多坏都有好的地方，可以原谅。你看微博圈子和微信朋友圈——前者是"外人圈"，大家都是公知、牛人、明星粉儿，大家每天痛心疾首聊社会黑暗做公益什么的，但是一旦进入朋友圈，大家就开始鸡汤、集赞、晒幸福，这就是自己人和外人的不同玩法。

当我们这样一群人拥挤入城市，使得过去的紧密关系的脐带彻底被拉开，网络的碎片化撕扯所有人的时间的时候，我们才发现，这一代的独生子女，是最不会建立关系的人，这也许就是歌词里说的："人潮的拥挤，拉开了我们的距离。"狂欢是一群人的孤独，孤独是一个人的狂欢。

我时常在想，为什么越是亲密的人，往往越容易成为冤家？

我认识很多家庭的兄弟姐妹，在外面都是一等一的好人，敬酒就喝，借钱就给从来不说不，但一旦回到自己的兄弟姐妹身边，斤斤计较、鸡肚鸭肠，言语之恶毒，猜忌之叵测，可以说是云泥之别。有些人在外对哥们义薄云天，在家对父母吆五喝六，在外面和蔼可亲，在家里一点气都不受。

因为我们都认为——父母、兄弟、夫妻、兄弟越是紧密关系的人，越不会和你终止关系，所以我们都不会主动向这些关系账户里面存钱，仅仅是取钱。时间一长，这些关系全部变成负数，而你们彼此还没法分开，时间再长，这些负数就变成了怨念——如果你知道熟悉的人之间，怨恨能够达到的深度和力度，你就不会对历史上所有手足相残、杀夫害妻、兄弟背叛之类的事情感到惊讶。

转入正题——一个能够懂得建立关系的人，一定是一个幸福的人，而且应该也容易成功些。建立关系是一种重要的生涯技能。

下面是关于建立关系的 5 个重要手段。

（1）花时间在一起。

没有什么比花时间在一起更重要。尤其是在这个注意力分散的网络时代，在这个内容营销、免费营销都失效，只有体验营销还有效的年代，花时间就是你的体验营销。

两个人在一起，把注意力投注在同一件事上，比如说看一部电影、沟通、说话、同走一段路、做同一件事就可以了，有没有语言其实不重要。女生往往喜欢将注意力投入彼此身上，而男生往往喜欢共同做某一件事。但是总之，每天花15分钟时间在一起共享注意力，是任何关系的基础。之后的所有技巧，都建立在这个之上。李亚鹏追王菲，方式是每天发短信；汪峰老师泡子怡，方式是经常打麻将；舍友的关系，肯定比同学铁；战友天天24小时在一起，关系不好都难。介质不重要，关键是每天花时间在一起。

当然，一起玩手机不算，一边带孩子一边聊，也不算。所以异地不是问题，同性不是问题，看完《花千骨》你知道人和毛毛虫也都不是问题，重要的是他们都花了时间在一起。

（2）沟通双方都爱谈的话题。

有很长一段时间，我和我父母之间无话。原因很简单，每次一打通电话，我父母的沟通话题都是我痛恨的。他们喜欢问："你什么时候能定下来啊？你是不是又在外面吃饭了？别在外面吃啊，不干净。"不用自己当爹，我都能理解他们的关心，但是每一次这样的对答之后，想沟通的意愿就消散了。接下来双方都觉得不快，我妈会说："我不是说你啊……"然后继续说我半个小时，挂电话。慢慢地，电话就越来越少了。

其实这个谈话完全可以从大家爱谈的话题开始。我选择了妈妈有段时间爱看的一个电视剧，然后问她你看了吗？你觉得这个人如何？你觉得这个剧情在你们那个年代是不是真的？

然后，大家就聊开了，当关系账户存钱存到正值的时候，大家才能够聊一些可能冲突的话题。请相信，就好像牵手走过吊索桥一样，你只能带领和你关系紧密的人，选择一些对方会感兴趣的话题，这一点无论在亲密关系、朋友还是商务场合都非常非常重要。

（3）为对方的目标做点事情。

你也许对别人无微不至，或者觉得自己为兄弟都插自己两刀了，为什么你们之间的关系仍然一般？也许是因为你做的事情对方觉得没有必要，加上你的热情，甚至成为他的负担——这不是关系，而是胁迫。

"新精英"的一个员工前段时间离开公司去奔向读博士之路，

我们不舍但是又开心。"新精英"离开的员工，我们都称为"毕业"，是因为希望他们离开公司的时候，能力比进来时大，眼界比进来时宽，拥有更多的资源，工资比原来高，这就叫毕业了。

他毕业的时候，我想我该送什么给他？突然想起来以前一起研发的时候，他总是问我这个资料能不能买，那个资料很好是否可以买。研究型人才对于书的需求是强烈的，但是国外的书都挺贵的，我最后送了他一张亚马逊最高面值的购书卡，告诉他，以后看到喜欢的书，不用犹豫，买下来。

可能只是为对方目标做的一点点小事，但对于关系是莫大的帮助。

（4）真心夸奖。

这个我想不用说了，每个人都懂，但是要注意几个要点：

5+1定律——对于吝啬夸奖的人来说，你应该多夸夸，因为一次批评损害的关系大概需要5次夸奖弥补，这个定律是老外发明的，所以中国人好歹也有个3+1，或2+1吧。但对于太多夸奖的人来说，你的夸奖已经廉价啦，必须偶尔来一次批评，才能让你的夸奖有价值。

美女、帅哥……我天天这么叫你，你真的以为自己很帅吗？夸奖一旦变得泛夸和重复，其实就意味着敷衍和谎言，效力会变低，但是，"你这身打扮把你的阳光又优雅的气质散发出来了，尤其是这条丝巾""你认真工作的时候，从我这里看过去特别有魅力"这样就不同了吧！只有有细节的、明确的夸奖才是有效力的。顺便说一句，你知道为何中国家长天天说"你好乖啊""真乖"没有用了吧。

最后，别主动要夸奖。你问别人："你怎么不夸我啊？"这个事是最傻的，夸自己这个事，只能别人说你来认，你一要，就废了。

（5）小礼物。

荆轲想刺秦，没路子，于是带上燕督亢地图和樊於期的首级，由此秦王亲自接见。所以，礼物很重要啊！社交送礼、商务送礼是一个大学问，我也不懂，说点建立社交关系的。

送"好用 +1"的东西。什么叫作"好用 +1"？你有没有过这种经历，去一个会议，收到一个笔筒。我好多年不用笔筒了，因为我大学的那个还在使用，这个东西又贵又不好用。又或者你收到一个礼物，是一张充值卡，你充完值会骂，我就值 300 吗？你给你爸爸送一件 4000 元的羊毛大衣，他舍不得穿，结果过年回家发现被虫蛀光了。

这种礼物都没有大用，最好的礼物是，他能真正用上，但是比他平时用的高一个档次，他平时不会去买的。比如说一个朋友喜欢抽烟，那么去美国买一个哈雷的特制 ZIPPO（芝宝）打火机给他，他就会爱不释手。我去澳洲的一次，专门给我的兄弟带回来一条FENDER（芬达）的吉他背带，虽然钱不多，但是 120 元买个背带，他自己是干不出来的，所以他夸了我好多年。再比如说一条上好的暖绒秋裤，就比你拿个电视盒子会更好。

随心比节日好。过节的时候，我最烦有人给我发通用短信，第二烦就是送通用礼物，比如月饼之类的。我也不吃，你也不吃，就是个信物，而且这个礼物本意是表达"我还想着你"，其实是表达"我平时都想不起来你，过节不说话又怕得罪你啊"，你就是没诚意。

最有意思的礼物都是随心而发。我自己有一个随心基金，每个月送出去 3~4 个价格不高于 120 元的小礼品，看到东西想到谁送谁，马上下单马上邮寄。很多年以后，我们有一次团建，说起来大家互相最感谢的事情。我一个小兄弟说是我送给他的一个口琴。其实当时逛音乐城看到口琴，脑子一抽就买了。随心的礼物最贵，证明你心里有这个人。礼物承载的是注意力，注意力是现在最贵重的东西，你一辈子注意的时间远远比你的寿命少，所以注意力比时间还要贵。

够了！为了防止你成为一个人见人爱、杀伤力太大的"妖孽"，接下来的降龙十三掌就不传你了。以上 5 招，已经够用。

但凡你：

掌握 2 招，基本就够用大部分的社交场合了；

掌握 3 招，你一定有一群好朋友，因为能和你做朋友自豪；

掌握 4 招，有那么几个特别好的朋友会出现，他们肯定爱死你了；

掌握 5 招，请给我私信，我找你当朋友去。

文 / 古典

● 为什么大多数内向的人都想改变自己性格

所有内向的人，从小到大应该都受到过内向的困扰——身边总会出现一个比你开朗活泼，比你讨大人欢心的小孩，他或许是你的朋友，也许是你的兄妹。总之，你一直处在与他的对比中，且始终处于下风。

你不能理解的是：为什么他们能够如此自然而然地叫着叔叔阿姨好；上课的时候总爱举手回答问题或者问老师问题；身边总是围着很多朋友很热闹；喜欢跟着父母参加聚会聚餐……他们不累吗？不觉得难受吗？

对于你来说，一个人待在房间里看恐怖片比出去和一大群半熟人聚餐更舒服；宁愿一个人在家里吃泡面也不愿参加父母的聚会，僵着一张笑脸叫着叔叔阿姨；和不太熟悉的人在一起没有话说时感觉世界糟透了"尴尬癌"发作。

当然，你知道开朗活泼一点会更讨人喜欢，于是你尝试过改变，模仿那些天生外向自来熟的人，但总是达不到想要的效果，就像是扮演了一个和自己截然相反的角色，每天筋疲力尽，觉得挫败又委屈。

于是，你放弃了。

不，你只是暂时地放弃了这个尝试，过不了多久，你又会开始羡慕身边那些走到哪儿都有人接待的朋友，不死心地想要再试一试。

这个循环会持续很长一段时间，有的人或许真的变成了看起来外向的人，但是每参加一次聚会就会觉得很疲惫；有的人则认命地发现自己就是内向的人，于是放弃尝试，但是始终对自己内向的性格感到不满意。

对，这就是内向患者自我挣扎的过程的缩影。

今天，想和你们谈谈关于内向这种性格。

第一，内向者与外向者的区别。

很多人对内向的人有个误区，包括我们内向的人自己。

内向和外向的区别，不是一个人看起来沉默寡言，另一个人看起来活泼开朗就可以区分，这只是表面特征，而这些特征是可以后期改变的。

事实上，很多出色的演讲家也是内向的人，但是经过后期刻意的训练，最终能够在一大堆人面前侃侃而谈。外表活泼开朗的人未必就是外向的人，也可能是伪装外向的内向者。

●内向与外向真正的区别是：能量来源不同

内向的人，通过独处获得能量，就像是给手机充电一样，而社交则是一件消耗他们精力的事情，每一次社交性质的活动之后，内向的人会觉得很疲惫，需要独处来恢复精力。而在人群中，内向的人会时常觉得自己是一个局外人，在所有人都玩嗨了的时刻，始终无法融入进去。

外向的人，则是通过社交来获得能量，他们喜欢社交，通过和各种不同的人打交道来获得能量。他们讨厌一个人独处，希望身边有人陪伴，因此总会找各种朋友一起出去逛街、聊天、聚会，只有这样，他们才会觉得充实。

●内向和外向的人的区别还在于：他们的关注焦点不同

外向的人喜欢向外探索世界，因此他们喜欢社交，喜欢和人打交道，对他人和外面的世界富有旺盛的好奇心和兴趣。

内向的人则是向内探知内心世界，把更多的焦点放在对自我内心的发现上，与其说内向的人不愿意和别人打交道，不如说他们很少对他人产生兴趣，因为缺乏兴趣，所以懒得理你。

第二，内向者独有的优势。

●相较于外向的人，内向的人更擅长深度交流，发展更深的关系。

外向的人看似有很多朋友，但是大多都是泛泛之交。对于外向的人而言，朋友有很多种：认识的朋友、普通朋友、好朋友和死党。

对于内向的人来说，身边只有两种人：一种是好朋友，一种是陌生人，没有中间的关系。一旦内向者和人交往后发现对方和自己不适合，便会果断放弃这段关系，懒得维系，对于内向者来说，没有普通朋友，他们也不屑于泛泛之交。

内向者不喜欢和人停留在表面的寒暄，他们喜欢和人探讨更深层次的东西，他们似乎拥有一种天赋，当你与他们交谈的时候，总是会不自觉地把自己真实的想法说出来。

内向者善于倾听，因此能够让你放下防备，一旦你和他们深度交流过后，便会增加对他们的好感，并发展更密切的关系。

●内向者喜欢独处，因此他们更有时间去学习新技能提升自己。

内向者享受一个人的感觉，喜欢安静的状态，通常他们会选择看书、看电影、画画、弹琴、写作等活动来充实自己，相比于大部分时间用于社交的外向者，内向者有更多的时间精力来用于自我提升。

●内向者更忠实内心的想法

外向者的关注焦点在外界，因此他们比较介意别人的看法，以外界的反应来审视并调整自己的言行，会为了获得别人的喜欢而做出相应的举动，在这个过程中内心真实的想法便会被掩埋和扭曲。

内向者的关注焦点在自己的内心，因此不大在乎别人的看法，他们关心的是内心的风吹草动，愿意付出努力去达成内心的想法和愿望。

今天写内向者，是因为我也是一名内向者，也经历过讨厌自己的性格并想要改变的漫长的阶段，直到当我意识到作为一名内向者拥有外向者不拥有的天赋和优势时，才终于深刻了解自己的性格，不再强迫自己扭曲它，而是顺应它，并享受它所带来的机会和成就。你是一名内向者吗？恭喜你，内向本身就是一种幸运，何必要去改变？

文 /Juno（蒋佳芮）

跑步如何改变了我的人生

决心开始跑步的那个下午，我瞥了一眼镜子中 125 斤的那个姑娘，她短小肥厚的下巴、滚圆的肩膀、凸起的肚子，还有那双天生粗壮后天更为难看的腿，共存在那 1.58 米的身高上。她才 25 岁，却已和这样的身材相伴许久。至少 5 年来，她总是这样听人讲，"姑娘，你怎么胖成这样""姑娘，你腿后的橘皮纹怎么那么严重""姑娘，你没想过要减肥"……

每一次听到这些话都要在心里疼上个两三天，接下来的一段日子里就没办法开心地活。我穿那些宽大的衣服，试图去遮掩自己的难过和体重，自欺欺人地避开那至真的道理——世界上有两件事无法隐藏，一事是穷，一事是胖。

肥胖常常引发连锁效应，那些生活里的阴暗面也接踵而来。我那隐藏在心底多年的自卑情绪大面积地爆发，我愈发不喜欢处于群体中，也不再欣然赴朋友的聚会，恨不得切断同所有人的联络，生怕有人说出那些和肥胖有关的话题。我的日子过得也不像话，那些打着"一周减10斤"广告的减肥药、减肥茶、减肥胶囊，统统让我的生活失去规律，内分泌失了衡，而我对人生的信心，也连同它们一并失去了。我的工作很糟糕，却一直拖沓着换不掉，我的心态很差，什么都能令我哭一场，我的未来渺茫，燃不起一腔鸡血的状态。我的爱情和梦想，也彻彻底底地失了踪。

更可怕的是，当我同朋友聊着想减肥的话题时，她安慰我说："你要学会爱上你自己。"那一句温柔的安慰竟让我的世界天崩地裂，我老老实实地意识到，肥胖居然成为我的本质，成为我的特点，成为别人脑中"你本来不就是这样子嘛"的念头。于是就在那个具有决定性意义的下午，我看着镜子中的自己，再也忍无可忍，抓起一身运动服就跑去了家附近的健身房。

一个女人对身材的拯救往往也成全了对生活的拯救，我在踏上跑步机的时候还未清楚这样的道理。作为一个读书时体育很少及格的运动白痴，一次性跑起来的200米都能让我胸腔震颤。我的步伐很慢，耐力很差，姿态笨拙，在一群健美的人中间，靠意念死撑。

我开始在每天早晨的 6 点半去健身房打卡，从前对自己运动细胞完全否定的态度，竟也能在越跑越长久的距离中得到重塑，这种坚持使我看到，或许有什么美好的事情正在到来。

可是这样坚持的一个月内我竟然没有看到体重的丝毫变化，虽说心有失落，但肥胖却没有以往常的速度侵蚀着我的生活。每天坚持到一台跑步机上报到似乎让我看到了生活里的一些光亮，40 分钟大汗淋漓后，脑中分泌的多巴胺让我的情绪回归亢奋。一个月前还是怨天尤人的 25 岁衰败女生，一个月后却对人生充满向往。我每天准时和早餐会面，拒绝油炸和甜腻的食物，晚上开始看书，同时坚持记录生活，不再觉得万事痛苦。

我亦在这坚持中得来更实惠的效果。我渐渐瘦下去，每天 7 千米的跑步量让我以未曾有过的速度稳定瘦下去。我常年 125 斤的体重变成体重秤上的 120，这 120 又变成 110，直至它变成健康有型的 100 斤。我那从前穿的紧身衣如同大布袋，丢掉后就像丢掉从前的那些郁闷和不满。

减肥成功是我从跑步中得来的最实际的好处，我人生第一次能够得体大方地出现在人群里，连相机镜头记录下的人像也显得自信光亮。我能穿小号的衣服，敢套上连衣裙露出不再粗壮的腿，可这并不是跑步所带给我的最重要的作用，跑步真真正正地把我那份坏掉的人生修好了。

我终于勇敢地辞掉了那份不喜欢的工作，思考了近一年的搬家计划也得以实施。我在落脚的城市找到一份喜欢的工作，不再以苟且的姿态浑浑噩噩地活着。我努力工作，哪怕要起早贪黑也不抱怨，几个月后攒下厚重储蓄；我认真写字，尽管要在下班后的车库搬张桌子寻找不扰他人的空闲，一年之后我终于出版了属于自己的第一本书；我努力变成更好的自己，就那样顺其自然地遇见了同样积极向上的人……我的性格从自卑走向自信，生活从阴暗走向光明，从未发生过的美好就这样伴随跑步而来。**跑步带给我最大的改变是，它让我意识到，把那种每天都在跑步机上跑 7 千米的态度放到生活中的别处，哪里还有不成功的理由？**

今年年初，我辞职，正式成为专职的写字人，虽然每天从清早到半夜都专注于阅读与写字，却坚持在生活里为跑步留一席之地。我买了一台跑步机，每天坚持跑 7 千米。另外，自律的生活还给我的身心带来诸多益处。我从这半年的舍命阅读中发觉，**很多作家或**

成功人士都对跑步抱有虔诚的态度，一个人对事业长年累月的坚持可以从对一件小事的执着蔓延开。当发现了跑步对灵魂的净化作用，只要一踏上跑步机，听着那频率稳定的脚步，我就不禁认真思考，下一篇文章写什么、怎样写？我的日子，今天和明天怎样过？跑步就这样成为我生活中的全方位哲学。

我发现身边有所成就的朋友共有的特点竟然是常年坚持跑步。曾经问过一位朋友"靠什么一直保持冲锋的姿态"，这位 34 岁的朋友和我说："我坚持跑步 10 年了，风雨无阻，这就是我所有成就的来源。"后来也看到那些坚持跑步多年的中年人，他们毫无赘肉的身材和那精气神替他们在代言。这一份神采将人与人区分开来，跑步成为生命里重要的修正工具，常年奔跑的人，在爱情、生活与工作中似乎都更容易获得得意的成绩。

村上春树也说过："跑步，在我迄今为止的人生中养成的诸多习惯里，恐怕是最为有益的一个，具有重要意义。我觉得，由于 20 多年从不间断地跑步，我的躯体和精神大致朝着良好的方向得到了强化。"我深以为然。

我有时还会想到那年 25 岁时镜中的自己，对什么都万念俱灰的模样，糟糕的生活令我无从拯救。仅仅两年过去，我的生活发生了翻天覆地的变化，我以从未有过的浓烈姿态热切地活。跑步在这两段毫无共性的人生中间，架出一道希望的桥梁，让我在奔跑中，看到那近一寸有一寸的欢喜，而我就在这欢喜中，踏踏实实地，就这样改变了自己的人生。

文 / 杨熹文

作者简介

行动派琦琦

行动派社群创始人，多年国际性论坛策划和社会化媒体传播经验；业余热爱旅行、阅读，偶尔写作，资深美学建筑和酒店控，梦想清单实践者。未来很美，我们一起向前。

新浪微博：@行动派琦琦

微信公众号：琦琦77（ID：xingdongpaiqiqi）

徐小妮

手绘作者，自由职业。在杭州某个村里读书种花，写字画画。

新浪微博：@徐小妮在磨刀

微信公众号：徐小妮生活笔记（ID：xuxiaoni-newlife）

Susan Kuang（旷世典）

留美 MBA、青年作家、舞蹈老师、第 2 身份创始人，致力于理性与科学教育，希望帮助中国的年轻人利用碎片化的时间打造系统的知识结构，提高思辨能力。代表作品包括：杂志书《如果生活是一幅画，你会如何创作》《我的十个基本生活信念》，以及《我的生活手册》，新书《斜杠青年》即将出版。

微信公众号：SusanKuang（ID：susankuang2014）

万方中

自由撰稿人，策划营销总监，"有道"最佳干货分享者，目前专注于创意写作的研究。个人所创的微信公众号专注于年轻人群体，是一个针对人生、情感、哲理、职场等问题深度剖析的原创号。

微信公众号：方独（ID：wansfang）

奶牛 Denny（刘丹尼）

毕业于美国宾夕法尼亚大学沃顿商学院，乐纯创始人。曾担任大众点评品牌营销负责人，多家互联网公司品牌顾问；进入互联网领域前就职于黑石集团。之前曾创立过连客、BIMP 等营利和非营利机构。

新浪微博：@ 奶牛 Denny

微信公众号：奶牛 Denny（ID：dennywx）

小宋老师

宋晓东，上海第二工业大学《幸福心理学与生活》课程讲师；《人力资源》杂志、《学生导报》专栏作者；靠谱儿的文艺青年。

新浪微博：@ 小宋老师的幸福课

微信公众号：小宋老师的幸福课（ID：xingfuke007）

L 先生

做过公关和创意，现任职于互联网。"知乎"知名答主，心理学达人，多家媒体特约作者。

微信公众号：L 先生的猫（ID：lxianshengmiao）

老秦

PPT 达人、新媒体专家、TEDx 演讲教练，一个打着灯笼也找不到的黑男儿，长得有点"捉急"的"90 后"。现任秋叶 PPT 团队营销总监，著有《如何打造超级 IP》《社群营销》等畅销书。

新浪微博：@ 秦阳

微信公众号：老秦（ID：laoqinPPT）

大华

深度思考患者，互联网趋势观察员，知识管理实践者，专栏作者，现就职于某知名互联网公司。

新浪微博：@ 大华嘻游

微信公众号：大华嘻游（ID：dahua0768）

赵昂

人称"昂 sir"，资深生涯咨询师，新精英生涯研发总监，个人风格"一针见血，直指人心"，著有《在人生拐角处》。

微信公众号：昂 sir 人生（ID：answer_rensheng）

黛婉如蓝

世界 500 强企业职场人士（现任职 HR 经理），14 个月女宝的妈妈。信仰学习成长，热爱行动精进，擅长输出干货，喜欢不失衡的人生，努力让生命之花一天比一天绚烂！

Anya（陈文雯）

口译从业者，特约撰稿人，自学爱好者。

微信公众号：静言思（ID：jingyansi8）

卡夫卡

混过外企和BAT的资深营销狗，文艺老青年，民谣摄影控。

微信公众号：孤独的人不睡觉（ID：awuya1990）

"知乎"账号：海边的卡夫卡

林夏萨摩

一个喜欢听故事和写故事的人。简书红人、签约作者，多个杂志公众号特邀作者，已出版畅销书《20几岁，你为什么害怕来不及》。外语系毕业生，曾混迹于广告圈，服务多个世界500强品牌，做过文案、策划、执行、翻译、艺人经纪人，绰号"万能替补王"。文字时而温情治愈，时而理性深刻，深受读者喜爱。

新浪微博/简书/豆瓣：@林夏萨摩

作者简介

微信公众号：林夏萨摩（ID：linxiasamo）

Joy Liu（刘双阳）

心理学科普达人，心理咨询师，繁荣成长工作坊创始人。

微信公众号：繁荣成长工作坊（ID：FlourishingParty）

秋叶

秋叶 PPT 创始人，出版《和秋叶一起学 PPT》《秋叶教你高效读懂一本书》《社群营销：方法技巧与实战》等畅销书。

新浪微博：@ 秋叶

微信公众号：秋叶大叔（ID：qiuyedashu）

Chazy Cheung（张鹏）

LinkedIn 中国、壹心理的签约专栏作者，4A 广告公司资深战略规划，擅长社交媒体和数字营销以及逻辑思维分析，曾在 Razorfish、Agenda、Cross Communication Group、W+K 等公司担任数字营销战略规划工作，服务过耐克、百事可乐、大众汽车、奥迪汽车、 联合利华等知名品牌。个人原创微信公众号定期分享各类职场干货，目前第一本书正在筹备中。

微信公众号：张良计（ID：zhangliang_j）

陆 JJ

上海戏剧学院编剧专业在读，曾供职于广告公司、杂志社、报社。小说作者、青年编剧。

微信公众号：个人的体验（ID：tiyan818）

晚睡

当代资深情感作家，文字精准、犀利，却又慈悲、体谅，拥有固定而忠诚的读者群，很多读者追随她长达 10 年之久，在她娓娓道来的情感智慧中实现了自我成长。著有《晚睡谈心》《帮你看清已婚男人》《你配得起更好》三本畅销书。

新浪微博：@晚睡姐姐

微信公众号：晚睡（ID：wanshui01）

陈卓

"知乎"心理学话题优秀答主，资深心理学工作者，从事相关工作 5 年，长期关注认知心理学、行为经济学等内容，对判断决策领域有独到兴趣和见解。

"知乎"账号：陈卓

古典

著名生涯规划师，高管教练，新精英生涯创始人，著有百万级畅销书《拆掉思维里的墙》《你的生命有什么可能》，并在"罗辑思维"的"得到"APP 中设有专栏《超级个体》。

新浪微博：@古典

微信公众号：古典古少侠（ID：gudian515）

Juno（蒋佳芮）

兵荒马乱的"90 后"，写作成为一股站在人生十字路口不再徘徊迷茫的底气。

微信公众号：孤岛（ID：gu_dao2015）

杨熹文

常住新西兰，现居房车上，热爱生活与写作，相信写作是门孤独的手艺，意义却在于分享。出版书籍《请尊重一个姑娘的努力》，讲述一个姑娘在异国他乡的奋斗史。

新浪微博：@杨熹文

微信公众号：请尊重一个姑娘的努力（ID：neversaynever30）

敢行动，梦想才生动！